黑龙江省高等教育教学改革研究项目（SJGY20190763）成果教材
绥化学院2019年度实践教材编写资助项目

·应用型系列教材·

SHIYONGJUN ZAIPEI YU
SHENGCHAN GUANLI SHIXUN JIAOCHENG

食用菌栽培与生产管理实训教程

李　贺◎主　编
郭海滨　魏雅冬　李艳芳◎副主编

中国纺织出版社有限公司

内 容 提 要

本书的实训内容共分为三章：第一章基础操作实训，主要包括食用菌标本的采集与制作，食用菌的形态结构观察，食用菌菌种生产设备认知，食用菌菌种的制作、培养、分离、保藏等12个实训项目；第二章工厂化生产与管理实训，主要包括食用菌工厂化生产设备认知，食用菌工厂生产车间与布局认知，食用菌工厂二级种、三级种生产管理等五个实训项目；第三章栽培技能实训，包括平菇、香菇、黑木耳、草菇、金针菇、双孢蘑菇、杏鲍菇、白灵菇、真姬菇等21个实训项目。

本书适用于应用型本科高等院校农学、生物类、植物生产类专业的学生，也可作为食用菌栽培从业人员的技术参考书。

图书在版编目（CIP）数据

食用菌栽培与生产管理实训教程 / 李贺主编 . ——北京：中国纺织出版社有限公司，2020.5（2022.6重印）

应用型系列教材

ISBN 978-7-5180-7283-5

Ⅰ.①食… Ⅱ.①李… Ⅲ.① 食用菌—蔬菜园艺—高等学校—教材 Ⅳ.①S646

中国版本图书馆 CIP 数据核字（2020）第 058621 号

责任编辑：范雨昕　　责任校对：寇晨晨　　责任印制：何　建

中国纺织出版社有限公司出版发行
地址：北京市朝阳区百子湾东里 A407 号楼　邮政编码：100124
销售电话：010 — 67004422　传真：010 — 87155801
http：//www.c-textilep.com
中国纺织出版社天猫旗舰店
官方微博 http：//weibo.com/2119887771
北京虎彩文化传播有限公司印刷　各地新华书店经销
2020 年 5 月第 1 版　2022 年 6 月第 2 次印刷
开本：787×1092　1/16　印张：10
字数：201 千字　定价：88.00 元

前　言

全书主要实训内容共分为三章。第一章基础操作实训，主要包括食用菌标本的采集与制作，食用菌的形态结构观察，食用菌菌种生产设备认知，食用菌菌种的制作、培养、分离、保藏等12个实训项目。第二章工厂化生产与管理实训，主要包括食用菌工厂化生产设备认知，食用菌工厂生产车间与布局认知，食用菌工厂二级种、三级种生产管理等五个实训项目。第三章栽培技能实训，包括平菇、香菇、黑木耳、草菇、金针菇、双孢蘑菇、杏鲍菇、白灵菇、真姬菇等21个实训项目。这些实训项目既有涉及对加强学生食用菌栽培与管理领域的基础操作训练，也有一些综合型技能培养实训项目。这些实训项目可以单独安排进行，也可以根据教学实际情况自由组合编排，以便于更好地服务教学。

本书适用于应用型本科高等院校农学、生物类、植物生产类专业学生，也可作为食用菌栽培从业人员的技术参考书。为满足应用型人才培养的需要，本书在编写过程中，尽可能参考了国内外的研究成果，力求做到内容全面、新颖，且深入浅出，通俗易懂，突出应用性、实践能力的培养。

本书由绥化学院农业与水利工程学院农学专业教师分工合作编写而成。本书由李贺担任主编，郭海滨、魏雅冬、李艳芳担任副主编，其中第一章（实训指导一至十）、第二章（实训指导二、三）、第三章（实训指导一至四）由李贺编写，第一章（实训指导十一、十二）、第二章（实训指导一、四）、第三章（实训指导五至十）由郭海滨编写，第二章（实训指导五）、第三章（实训指导十一至十五）由魏雅冬编写，第三章（实训指导十六至二十一）由李艳芳编写。魏雅冬、李艳芳为本书搜集资料、整理书稿，郭海滨对书中部分章节内容进行了修改，由李贺统稿完成。

本书的编写获得了绥化学院2019年度校本实践教材编写资助项目的支持，得到多地许多前辈及专家学者的帮助，在此一并致谢。在编写过程中参阅、参考和引用了有关文献资料未能在书中一一注明，在此谨向原作者表示感谢，敬请谅解。由于编者水平有限，书中难免存在疏漏，恳请专家、同行不吝赐教。

编者

2020年2月22日

目　录

第一章　基础操作实训

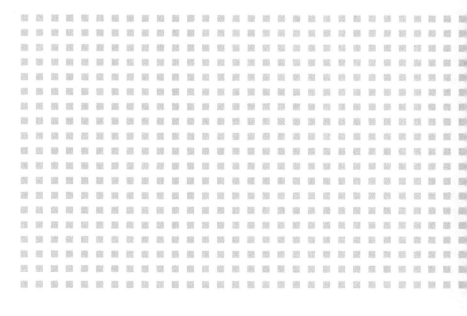

实训指导一　食用菌标本的采集与制作

　　我国是世界上生物最为丰富的国家之一，蕴藏着丰富的食用菌资源。我国目前已报道的食用菌有980余种，包括子囊菌亚门5个科，担子菌亚门21个科，共77个属。其中能进行人工栽培的有90余种，已形成大规模商业化栽培的仅有50余种。因此，从野生资源中寻求新的菇种，进行人工驯化栽培，为市场提供更多的食用菌商品，其潜力巨大。

　　野生食用菌资源的调查工作非常重要。人们采集制作食用菌标本的目的，就是为了更好地认识食用菌，为进行分类提供原始资料，进而为驯化栽培新的食用菌种类提供依据。

一、实训目的

（1）学习并掌握食用菌标本的采集和制作方法。

（2）根据食用菌分类学专著能查阅检索表确定标本的属名。

二、实训材料与用具

　　小铲、采集筐、大型解剖刀、小刀、枝剪、照相机、手锯、放大镜、镊子、塑料袋、纸袋、标本盒、笔记本、玻璃直管、纸牌、铅笔、卷尺、吸水纸等。

三、实训季节安排

　　因各地纬度和海拔高度的不同，最适宜采集食用菌的月份也不同。雨后数日往往是采集野生食用菌的好时机。除了一些多年生多孔菌类能在一年四季采集到外，绝大多数的菇、耳类是在多雨的夏秋季繁殖生长。因此，安排在这两个季节比较合适。当然，也要根据各地的实际情况，酌情确定。

四、采集方法

　　在采集标本时，应注意保持标本的完整性。采集较重的标本前，应先拍下生态照片或绘图加以描述。

（一）地生菌类的采集

地生菌类主要是指生长于潮湿的落叶层或腐殖质丰富的土地上的种类，其中有不少菇类的菇柄生长在不深的土层中，如蘑菇属、口蘑属、鬼伞属等菇类的菇体，可用小铲轻轻铲起，即能获得完整的标本。但有些菌类菇柄伸入较深的土层中，如金钱属的鸡爪菌，其菇柄有延长至很深土层中的假根，必须细心地挖掘，否则，难以获得完整的菇体。

（二）木生菌类的采集

木生菌主要指生长于枯树干枝条、树桩、树根及倒木上的菌类。可用小刀将树皮部分连同子实体一起剔下。在用刀剔取时，要注意菌柄着生的深度，如金针菇、香菇、侧耳等的菌柄着生较浅，用刀浅剔即可获得完整的菇体；但像蜜环菌中的一些菌类，其菌柄伸入基质较深，故须深剔。对生长于树枝上的食用菌，可将菇体连同树枝一起剪下。

在采集时，对于那些肉质或胶质类的食用菌，切勿在菌盖或菌柄上留下指印，以免破坏其外膜。采到标本后，随即系上纸牌，纸牌上注明地点、时间、采集号、采集者。一般种类可用白纸包好；黏滑的种类，要用蜡纸包好，再放入标本盒内；易碎柔弱的种类，可按菇体大小做漏斗型的纸袋，菇柄向下放入其中，将袋口拧好后，放入扎有孔的纸盒内，再放入采集筐中，以防压挤损坏；个体很小的种类，可装入玻璃试管中；大型木栓菌类标本，可用白纸包好后直接放入采集筐内。采集标本后，要立即做好详细记录，填写记录表（表1-1）。

表1-1　食用菌标本采集记录表

编号：_____　产地：_____　_____ 年 ___ 月 ____ 日 采集人：_____

菌名	学名：		中文名：
	地方名：		
生长环境	针叶林□、阴叶林□、混交林□、林向草地□、草原□、田野□、溪边□		
	树种名称：		
	寄生□、腐生□、共生□、枯木□、粪生□、地上□、沙地□、粪土□、虫□		
生态	单生□、散生□、群生□、簇生□、丛生□、叠生□		
菌盖	直径：_____cm；颜色：_____		黏滑：黏□、不黏□
	形状：钟形□、斗笠□、半球□、漏斗□、平展□、脐形□、中突□、喇叭状□、马鞍形□		
	状态：纤毛□、鳞片□、条纹□、龟裂□、平滑□、粗糙□、蜡质□、粉末□		
	特征：膜质□、肉质□、革质□、木栓质□、边缘具细条纹□、上翘□、内卷□、反卷□		

菌肉	颜色：_____；气味：_____；味道：_____；伤口变色：_____；汁液变色：_____
菌褶	颜色：_____；宽：_____（mm）；密度：（中□、稀□、密□）；状态：等长□，不等长（交叉□、横脉□、网状□）
菌管	颜色：（管面_____、管内_____）；管口直径：_____（mm）；形状：_____；管长：_____（mm）；脱落程度：易脱落□、不易脱落□
菌环	颜色：_____；大□、小□；生菌柄部位：上□、中□、下□；牢固□、可移动□；单层□、双层□；易脱落□、消失□
菌柄	长：_____cm；直径：_____cm；颜色：_____；形状：圆柱形纺锤□、棒状□；柄基部：根状□、球状□、杆状□；着生菌盖部位：中生□、斜生□、偏生□；状态：鳞片□、肉质□、腺点□、脆骨质□、纤维质□；实心□、空心□
菌托	已消失□、不易消失□；颜色：_____；形状：浅杯状□、苞状□、杯状□
孢子印	粉红色□、白色□、褐黄色□、紫褐色□、黑色□
经济价值	可食□、药用□、有毒□
备注	

注 逐栏填写数据、有关描述或按观察到的特征在□里打√；观察要仔细、全面。

该记录表适用于伞菌子实体的形态及生态描述。对于非伞菌，如木耳、银耳、多孔菌及一些子囊菌等，可参照该表内容，记述在备注栏中。

伞菌孢子印的制作方法是：视孢子印的颜色而定，取一张黑蜡光纸或白纸，中间剪一小孔，将新鲜标本的菌柄切去一部分后，穿过小孔，连同纸一起放置在盛有水的小烧杯上。也可剪除菌柄后，置于白纸上，放在阴凉避风处，上盖一玻璃罩。数小时后即可见到纸面上呈现菌褶状排列的孢子堆，即孢子印。

采到新鲜标本后，若欲分离菌种，须尽快进行。

五、标本的制作与保存

（一）标本的干制和保存

将已编号记录好的新鲜标本放在避风处，在阳光下晒干，阴天可在炭火上烤干，也可放在烘箱中于50～60℃下烘干。日晒或烘烤时，注意勿使标本号、纸牌丢失或弄混。某些水分少的标本可剖开后，用标本夹用吸水纸压制干，还可采用悬挂晒干或风干的办法。小标本应直接放在纸盆内晒干或用薄的吸水纸包好后烤晒，以免丢失。干后贴上标签，装入标本盒内保存。

干制法对木质木栓质、革质、半肉质及其他含水少又不易腐烂的大型食、药用真菌标本的保存尤为适宜。

（二）标本的浸制

用浸泡液浸制标本，可较长时间保存标本的形状和颜色，对展览和教学使用标本非常适合。

常用的浸泡液配方为：70％酒精1000mL加36％的甲醛（福尔马林）6mL。该液有防腐作用，能保持标本原有的形状，但不能保持原色。

能较长时间保持标本色泽的浸泡液有：硫酸锌25g、福尔马林10mL、水1000mL。具体浸制时，先用5％的福尔马林浸制约2h，然后转入上述组成比例的浸泡液中，并换2～3次，最后保存在该液中。

该液适用于保存白色、浅黄色、灰褐色及灰色的标本。其他颜色的标本可采用醋酸汞10g、冰醋酸5mL、蒸馏水1000mL组成的浸泡液。

标本在浸制前，应先用毛笔蘸清水轻轻洗刷，清理掉菇体黏附的泥沙，并根据标本的大小和数量选择合适的标本瓶及浸泡液。为了避免菇体在标本瓶中漂浮，可将标本缚于玻璃棒上，然后放入浸泡液中。最后用石蜡液封闭瓶口，贴上标签，即成为长久保存的浸制标本。

六、确定标本学名

采集来的标本应确定其学名，这对于食用菌的开发利用非常重要。初学者应能根据专著中的检索表鉴定到属，种名可请专家协助鉴定。

确定标本的学名，必须依靠对标本的较详细的形态宏观观察及显微观察，有的还需作化学成分分析。如菌柄、菌盖、菌褶、菌环、菌托、孢子印等为宏观观察，孢子的形态、担子、子囊及囊状体的形态等需显微观察。

鉴定时，可参照我国出版的大型真菌专著：《中国真菌总汇》《真菌鉴定手册》《中国的真菌》《中国药用真菌图鉴》《食用蘑菇》《毒蘑菇》《毒蘑菇识别》《中国药用真菌》及《中国食用菌志》等。

实训指导二　食用菌的形态结构观察

一、实训目的

通过观察，初步了解菌丝体和子实体的宏观形态特征，借助显微观察手段进一步了解菌丝体和菌褶的微观形态特征。

二、实训材料与用具

1.材料用品

平菇、香菇、双孢菇、草菇、金针菇、黑木耳、银耳、猴头、灵芝、蜜环菌、虫草等子实体干品、浸制标本、罐头、鲜品，常见品种的适龄平板母种或试管斜面菌种等。

2.仪器用具

普通光学显微镜、镊子、接种针、培养皿、载玻片、盖玻片、刀片、火柴、无菌水滴瓶、染色剂（石炭酸复红或美蓝等）、酒精灯、75%酒精、铅笔、绘图纸等。

三、实训内容与方法

（一）菌丝体形态特征观察

1.菌丝体宏观形态观察

（1）观察香菇、金针菇、平菇、草菇、黑木耳、蘑菇、银耳、猴头菇、灵芝等食用菌的PDA平板上生长的菌落或试管斜面菌种。比较其气生菌丝的生长状态，观察菌落表面是否产生无性孢子；观察基内菌丝体是否分泌色素等特征。

（2）观察菌丝体的特殊分化组织。香菇的菌膜、蘑菇菌柄基部的菌丝束、虫草等子囊菌的子座、蜜环的菌索等。

2.菌丝体微观形态观察

（1）菌丝水浸片的制作：取一洁净载玻片，于中央滴一滴无菌水，无菌操作用接种针挑取少量平菇菌丝于水滴中，用两根接种针将菌丝分散，盖上盖玻片，注意避免气泡产生。

（2）显微观察：将制备好的水浸片置于高倍镜下，仔细观察菌丝的细胞结构等特征，并辨认有无菌丝锁状联合的痕迹。

（二）子实体形态特征观察

1.子实体宏观形态观察

（1）仔细观察子实体的组成部分及其形态特征。

（2）用解剖刀纵切子实体观察其菌盖组成，菌肉的颜色、质地、菌褶形状和着生情况（离生、延生、直生、弯生）。

（3）观察其菌柄的组成、菌柄的质地（中实或中空）。

（4）要想得到清晰的孢子印，一般的做法是提前3～7h将八分成熟的子实体放置在适合颜色的纸张上静置收集。

2.子实体微观形态观察

（1）子实层观察：将洁净的胡萝卜用解剖刀切开个缝隙，将一平菇菌褶夹在缝隙中，用锋利的解剖刀将胡萝卜和平菇菌褶快速进行切片。横切菌褶薄片若干，漂浮于盛有水的培养皿中，用接种针选取最薄的一片制作水浸片，显微观察平菇担子及担孢子的形态特征。

（2）有性和无性孢子的观察：银耳芽孢子水浸片观察，灵芝担孢子水浸片观察，草菇厚垣孢子水浸片观察，羊肚菌子囊及子囊孢子水浸片观察可用标本片代替（以上各类孢子的观察）。

四、实训作业

（1）列表说明所观察各类食用菌子实体的形态特征，如伞状、耳状、蛋形、头状、肾形、花絮状、扇形、钟形等。

（2）绘制一种食用菌子实体的形态图（用绘图笔），要求图形真实、准确、自然，画面整洁。

（3）绘制你所观察到的菌褶横切面的微观形态，并标明主要形态、结构特征。

实训指导三 食用菌菌种生产设备认知

一、实训目的

通过观察与训练，让学生了解食用菌菌种生产过程中所用到的设备、工具，并掌握这些生产设备的操作规范及使用注意事项。

二、实训工具与设备

解剖用具、接种匙、接种刀、接种锄（扒）、接种铲、接种针、接种环、棒式接种器、手提式高压灭菌锅、立式高压蒸汽灭菌器、超净工作台、接种箱、恒温培养设备、摇瓶培养设备。

三、实训内容

（一）无菌室

无菌室又称接种室，是一间用于接种的可以严密封闭的小房间（图1-1）。无菌室不宜过大，面积4~6m²，高度不超2m为宜，室内严密、光滑，以便于清洁、消毒和保持无菌状态。无菌室外须有一个缓冲间，供工作人员换衣、帽、鞋用。无菌室和缓冲间的门要采用左右移动的拉门，以防止开门时造成空气流动。为保证无菌室的空气清新，还应安装一个带活动门的通气窗，并且用8层纱布过滤空气。无菌室和缓冲间上方须各安装1个

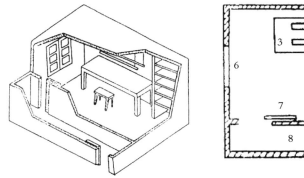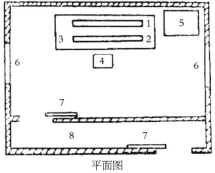

平面图

图1-1 接种室平面结构示意图（引自《自修食用菌学》）

1—紫外线无菌灯 2—日光灯 3—工作台 4—凳子 5—瓶架 6—窗 7—拉门 8—缓冲间

30~40W的紫外灯和1支日光灯，无菌室空间较大的可以多安装几个紫外灯用于杀菌，高度宜距工作台面80cm，不宜超过1m。无菌室和缓冲间内的设备力求简单以减少灭菌死角。电线宜安放在室外或藏入顶内。通常无菌室内安放一个座凳、一个工台、一个置物架，台面上放置酒精灯、火柴、剪刀、刀、镊子、酒精棉球及杂物盘。

无菌室的灭菌工作非常重要，启用前要用甲醛熏蒸，平时使用前15~30min用紫外灯灭菌，或用空气灭菌气雾剂灭菌后放入接种用的培养基、菌种和用品，然后再开紫外灯灭菌30min。一般连续使用的无菌室每过2~3个月应用甲醛熏蒸，彻底灭菌一次。为方便操作和避免污染，无菌室应建在灭菌室和培养室之间。此外，为了在使用后能排湿、通风，建议在顶部设置小型排风扇，扇口加盖密封盖板，可随时启用关闭。室内的侧面底部，应设置玻璃纤维过滤进气口，也应该加密封盖板，可随时启用关闭。

（二）人工气候室

人工气候室是在充分利用自然资源的基础上，综合运用生物科学、信息科学、管理科学和控制科学等相关学科知识、采用人工的方法模拟自然界中四季气候变换实验环境的实验室（图1-2）。它是一种能够采用人工的方式在室内模拟与生物或人类密切相关的各种自然界气象条件的实验设备，能根据不同的需求对其进行有效的调控。主要是对特定小环境内各个环境因子，如温度、湿度、光照和CO_2浓度等，可进行自动控制和调节，以满足特定环境需求的系统，在工业、农业、航空等领域都具有广泛应用。

图1-2　人工气候室

（三）灭菌设备

高压灭菌锅又名高压蒸汽灭菌锅，利用电热丝加热水产生蒸汽，并能维持一定压力的装置。主要由一个可以密封的桶体、压力表、排气阀、安全阀、电热丝等组成。它适用于医疗卫生、农业等单位，是对医疗器械、玻璃器皿、溶液培养基等进行消毒灭菌的理想设备。

灭菌锅常用的有手提式高压灭菌锅、立式高压灭菌锅和卧式高压灭菌锅三种类型（图

1-3）。手提式高压灭菌锅有内热式和外源加热式两种。外热式可以用电炉加热，也可以用火焰加热。内热式是用内热式电热器加热的。手提式压力锅容积较小（约18L），主要用于玻璃器皿、琼脂（试管）培养基和无菌水的灭菌。立式高压灭菌锅容积较大（约48L），除用于玻璃器皿、琼脂培养基的灭菌外，多用于原种培养基的灭菌，立式高压灭菌锅的加热方式与手提式高压灭菌锅一致，使用方法也相似。使用时先加水，再放入需灭菌的物品，固定锅盖打开排气阀，然后加热至排气阀中放出大量的蒸汽后关闭阀门，通过压力表观察锅内压力，当升至所需压力时开始计时，控制火源，保持锅内压力，达到所需时间后停止加热，使压力自然下降。当压力表指针刚回到0位时，先打开排气阀，然后打开锅盖，留一条缝盖好，让锅内水蒸气逸出，并利用自身的余热将棉塞等烘干，10min后将灭菌物品取出。

卧式高压灭菌锅需要附设锅炉提供蒸汽，规模大，使用较复杂，使用者需经培训，故不在此做详细介绍。

（a）手提式高压灭菌锅　　　　（b）立式高压灭菌锅　　　　（c）卧式高压灭菌锅（柜）

图1-3　高压蒸汽灭菌锅

使用高压灭菌锅时有如下几点注意事项：

（1）净冷空气。使用开始时应将高压灭菌锅内的空气完全排出，否则压力表所示压力与温度的关系与正确使用时不一致，即压力达到了要求而达不到所需的温度，出现"假升磅"现象。

（2）勿人工降压过快。达到灭菌时间后，应使锅内压力自然下降，特别在对液体或固体培养基等灭菌时，压力下降过快，液体会沸腾，或溅到塞盖上，或因试管、培养瓶内外压力差太大冲破塞盖、炸裂容器。最好采用自然降压。

（3）及时开阀开盖。锅内压力降为0时，锅内蒸汽与大气压力相同，要及时开排气阀。打开压力锅盖时留缝的目的是利用灭菌物品的余热将自身的外表水汽烘干。

（四）接种设备

1.超净工作台

（1）用途：超净工作台（图1-4）是一种局部层流装置，它能在局部创造高清净度的环境，用于进行食用菌接种过程中的无菌操作。

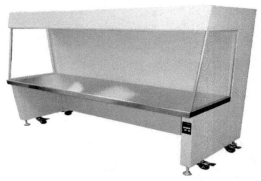

图1-4　超净工作台

（2）工作原理：超净台主要结构包括电器部分、送风机、过滤器及紫外灯等。室内新风经预过滤器送入风机，由风机加压送入正压箱。再经高效过滤除尘、清洁后，通过均压层，以层流状态均匀垂直向下进入操作区以保证操作区的洁净空气环境。由于空气以均匀速度平行向一个方向流动，没有涡流，故灰尘或附着在灰尘上的细菌很难向别处扩散移动，因此清净气流不仅可造成无尘环境，也可造成无菌环境。

（3）分类：超净工作台分两种，一种是操作区半封闭式，其空气流由前吹向操作人员；另一种是操作区封闭式，空气流由上而下。

（4）使用注意事项。

①超净工作台内不要长期放置无菌操作会使用到的物品，如枪头盒、酒精灯等。每次使用完毕，要用70％的酒精棉及时清洁超净工作台台面。要定期清洁过滤器中的过滤介质。

②要定期检测灭菌用紫外灯的灯照强度：辐照强度 $\geqslant 70\mu W/cm^2$ 为合格；辐照强度 $< 70\mu W/cm^2$，应更换灯管。新换的紫外灯管灯照强度 $\geqslant 100\mu W/cm^2$ 才能投入使用。

③安装超净工作台的房间应洁净无尘，操作区的风速 $< 0.3m/s$ 时应检查风机转向，若风机反向运转应调整电动机相线。每次使用需提前20min运转。半封闭式工作台操作时严禁做灰尘量大的动作，且防止高速扰动气流的干扰，如来自门窗的风等。长时间使用工作

台后，操作区的风速会下降，应清洁滤膜或及时更换滤膜。

2. 接种箱

条件较差或规模较小的菌种厂可自己制作接种箱。接种箱也称为无菌箱，是便于操作的密闭小箱，可根据需要做成单人或双人或多人使用的不同大小规格。接种箱的一般规格见图1-5，也可以做成其他规格形状，但需要符合如下要求：

（1）接种箱应密闭。

（2）应有易于取放物品的天窗或侧门。

（3）装有白布袖套的适于操作的操作孔。操作孔的距离在45cm左右。

（4）有便于操作者观察操作的透明窗。

（5）若需火焰灭菌，无菌箱应能抗酒精灯火焰产生的热气烘烤。

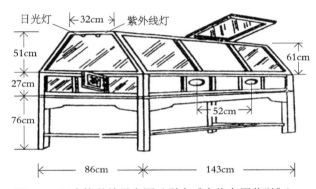

图1-5　双人接种箱示意图（引自《自修食用菌学》）

3. 接种工具

菌种生产的工具（图1-6）除刀、剪、镊之外，大都是自己制作的。有条件的最好用不锈钢制作，也可以用普通钢丝制作或是用自行车辐条制作。常用工具选择和制作介绍如下：

（1）解剖用具包括搪瓷盘、解剖剪（16cm左右）、手术刀（包括刀柄及配套的刀片）、解剖（接种）镊（尖头），这些用具可到医疗器械商店购买，是实验室常备用具。

（2）接种匙可以用硬质不锈钢或镀铬药匙代替，也可自己制作：取8号钢丝或相当粗细的不锈钢丝，一端烧红捶扁，打磨制成匙状。待转接原种时使用。

（3）接种刀取自行车辐条或相当粗细的不锈钢丝，一端烧红后弯成90°，拐角处长0.7～1cm，纵向捶扁，打磨成两面刀，用于斜面菌种的纵向切割。

（4）接种锄（扒）、铲起初同接种刀一样，一端弯成90°，然后横向捶扁，呈锄状，打磨使前端刃口锋利。或前端先捶扁磨锐，呈铲状，然后再弯成锄状。用于斜面菌种的横向切割，或作扒用于移接母种。磨成铲状不弯头的为接种铲，用于接取母种转接或挑取子实体块接种。

（5）接种针、环应取10cm长、0.5mm粗的镍铬丝或不锈钢丝一根，装在接种棒的插孔内，在前端0.7cm处折弯60°，即为接种针，用于从菌褶上刮取孢子或从琼脂培养基上挑取小菌落；前端弯成直径0.3～0.4mm的小环即为接种环，用于移接孢子稀释液。

（6）棒式接种器，又称接种枪、印模式接种器，是由聚丙烯和金属材料制成的专用工具，可从器械商店购买。接种时将接种器压入菌种料中，菌种被印压入前端的菌种室，然后移入培养料中，推压后端的压杆，可将菌种推出菌种室，推入培养料中。上述接种工具均可包扎后采用高压湿热灭菌，也可采用火焰烧灼灭菌。

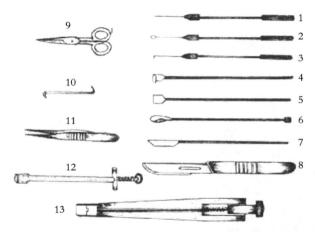

图1-6　接种工具示意图（引自《自修食用菌学》）
1—接种针　2—接种环　3—接种钩　4—接种锄　5—接种铲　6—接种匙　7、8—接种刀
9—剪刀　10—钢钩　11—镊子　12—弹簧接种枪　13—接种枪（日式）

（五）培养设备

恒温培养箱的温度控制精度高，是用于培养母种（试管斜面菌种）或少量原种的设备。

1. 电热恒温培养箱

电热恒温箱（图1-7）可从医疗器械商店购买。电热恒温培养箱由箱体，温度控制（加热控制）器、电热丝三部分构成，通过温度控制器的旋钮控制温度。当旋钮转到某一位置时控制器接通电源，电热丝加热，达到一定温度后自动断电，低于该温度又会自动接通电源加热。温度浮动一般为 ±1℃，调温旋钮上标志的刻度不是箱内温度，箱内温度要通过附加的温度计指示，因此，使用时要通过附加温度计标定出旋钮的位置。由于电热恒温箱只能加热不能制冷，当室温高于培养温度时，恒温箱则失去调温作用。

注意事项：培养箱内不要放入过热或过冷的物品，取放物品时，应注意随手关门以避免箱内温度波动过大。如果要保持箱内湿度，可以在箱内放置一个盛水的容器。箱内物品放置不宜过多、过挤，以保证培养物的受热均匀，各层金属支架上放置的物品不宜过重，以免损坏支架。如使用隔水式培养箱，需要注意加水时最好加蒸馏水以减少水垢的产生，同时注意无水时不要运行设备以避免干烧、损坏加热管。

2.霉菌培养箱（或生化培养箱）

霉菌培养箱（图1-8）是既能加热、又可制冷的设备，包括箱体和控温器，电热器（电热丝或管），制冷器（与电冰箱相似，有压缩机和蒸发器等组成）等四部分。其温度仍需温度计标定。当箱内温度低于所要求的温度（由旋钮确定）时，电热器加热，当箱内温度高于所需温度时制冷器压缩机工作制冷。

图1-7　电热恒温培养箱

图1-8　霉菌培养箱

3.恒温振荡器

恒温振荡培养设备（图1-9）主要有旋转式摇床和往复式摇床两种类型（一般摇床须放入恒温室，现已用自动控温的台式摇床）。用旋转式摇床进行食用菌液体菌种的振荡培养时，固定在摇床上的锥形瓶随摇床以150～220r/min的速度运动，由此带动培养物围绕着锥形瓶内壁平稳转动。在用往复式摇床进行振荡培养时，培养物被前后抛掷，引起较为激烈的搅拌和撞击，制备食用菌液体菌种时，往复频率为80~120次/min，冲程8~13cm。如要获得更大的氧供应，可在较大的烧瓶（250~500mL）锥形瓶中装相对较小容积的培养基（20~30mL），由此可获得更高的氧传递速率，便于细胞的迅速生长。若要获得较低的氧供应，则采用较慢的振荡速度和相对大的培养体积。

图1-9 恒温震荡设备

注意事项：注意保持摇床内的清洁，如果发生容器破碎或溶液溅出事故应及时关机清洁，防止设备腐蚀。要定期检查夹具，如发现松动应及时紧固，避免在运行过程中出现容器脱落的事故。在摇瓶摆放时要注意摇床上物品对称平衡。

如果要精确控制培养过程的温度和转速，保证实验结果的重现性，需用标准温度计和转速测量仪进行校对。

4.发酵罐

食用菌发酵罐（图1-10）是用于食药用菌菌丝体培养液体菌种生产的发酵设施装备，是利用生物发酵原理，给菌丝生长提供一个最佳的营养、酸碱度、温度、供氧量，使菌丝快速生长，迅速扩繁，在短时间达到一定菌球数量，完成一个发酵周期。

（a）液体菌种发酵罐　　　（b）气体输送系统

图1-10

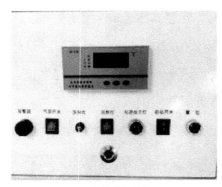

（c）控制面板　　　　　　　　　（d）发酵罐体

图1-10　液体菌种发酵罐（引自姜国胜）

液体菌种在发酵培养过程中需要充足的氧气，属好氧性发酵。满足于好氧性发酵的生化反应器主要有两大类即机械搅拌通风发酵罐和气流搅拌发酵罐。前者利用通风装置和搅拌装置将氧溶入发酵液中，因机械搅拌剪切力而对菌丝产生破坏作用，因此不适于栽培型菌种的应用。而后者则利用外部供气装置将气体通入发酵罐内形成环流将氧溶入发酵液中，其特点是基质溶液分布均匀、具有较高的溶解氧速率和溶解氧效率、结构简单、易于加工和操作。而气流搅拌发酵罐的构造主要由电控系统、气体输送系统、发酵培养系统三部分组成。

四、实训作业

（1）简述菌种生产的基本设备都有哪些？

（2）高压灭菌与常压灭菌有哪些不同？高压灭菌应注意些什么？

实训指导四　食用菌母种的制作

母种即一级种，母种多用试管作为容器，因此又称试管种，是指经组织分离、孢子分离或基内菌丝分离而得到的菌丝体。母种培养基常用于菌种的分离、纯化、扩大、转管和菌种保藏。母种的制作过程可分培养基的制作、灭菌和接种培养等三个主要阶段。

一、实训目的

掌握母种培养基制作的关键技术及母种扩繁的操作技术，熟悉母种PDA培养基制作和母种扩繁的工艺流程。

二、实训材料与用具

1. 材料用品

葡萄糖、马铃薯、琼脂、水、硫酸镁、磷酸二氢钾、维生素B_1、普通棉花、皮套、报纸、平菇、黑木耳、香菇等母种，待接试管斜面培养基等。

2. 仪器用具

高压蒸汽灭菌锅、超净工作台或接种箱、恒温培养箱、电磁炉（或可调式电炉）、铝锅（或不锈钢锅）、托盘天平、玻璃棒、切刀、切板、量杯、剪刀、烧杯、试管（18mm×180mm或20mm×200mm）、漏斗、漏斗架、1cm厚的长形木条（摆放斜面时垫试管用）、捆扎绳、标签、紫外线灯、75%酒精棉球、酒精灯、接种铲、火柴、气雾消毒剂、小刀、长镊子、止水夹、干毛巾、牛皮纸、纱布、塑料绳或胶圈、棉塞、pH试纸等。

三、实训内容与方法

（一）母种培养基配方

1. 马铃薯葡萄糖琼脂培养基（PDA）

马铃薯（去皮）200g、葡萄糖20g、琼脂15～20g、水1000mL，pH值自然。在缺乏鲜马铃薯时，可用脱水马铃薯178g代替。本培养基适于培养各种菇类，但草菇、猴头菇在此培养基上生长不良。以PDA为基本组分，再加磷酸二氢钾0.6g、硫酸镁0.5g、维生素 B_1 0.5g；或再加硫酸铵1g，适于草菇菌丝生长。在基本组分内再加酵母膏6g、硫酸铵3g，可使草菇菌丝生长更加旺盛。在基本组分内再加黄豆饼粉10g、磷酸二氢钾1g、硫酸镁 0.5g，适于培养猴头和木耳。在组分内再加蛋白胨10g适于培养、保藏各种菇类，对菌丝生长有促进作用。

2. 马铃薯蔗糖琼脂培养基（PSA）

去皮马铃薯200g、蔗糖20g、琼脂20g、水1000mL，与PDA培养基作用相同，培养平菇菌丝长势不如PDA旺盛。

（二）母种培养基的配制

（1）马铃薯去皮，挖掉芽眼，切成薄厚均匀的小片，称量200g。于略多于用量的水中煮至马铃薯片软而不烂，再用6层纱布过滤，滤液定容至1000mL。

（2）称量琼脂20g，将其放入定容滤液中边煮边搅拌，至全部溶化。

（3）切断电磁炉电源，将20g葡萄糖加入营养液中，不断搅拌使之完全溶解，pH值维持自然。

（4）调节pH值。PDA培养基配好后，pH值一般为中性，所以不必调节pH值。但在配制合成培养基时应调节pH值。其方法是，取一块pH值试纸插入培养基溶液1s后，取出后与pH试纸本内的标准色条比较即可得知溶液的pH值。若pH值低于所要求的值时，应向培养基中滴加1%氢氧化钠溶液，并边滴入边搅拌边测定，直到合适为止。反之，应在培养基中滴加1%盐酸溶液进行调节。应注意的是，培养基的pH值不宜低于6以下，否则会引起琼脂酸解，培养基不凝固。有些食用菌要求培养基的pH值低于6，则应采取分别灭菌后再在无菌条件下滴加盐酸或乳酸的方法来进行调节。若在培养基配方已有磷酸二氢钾（或磷酸氢二钾），因它们具有良好的缓冲作用，且一般都已设计好pH值，故无须再进行调节。

（5）母种营养液分装。土豆琼脂培养基的分装应在培养基凝固前进行，琼脂液的凝固温度在40℃左右，避免培养基凝固，可将配好的培养基放入热水浴中保持培养基的温度。不能直接将有培养基的容器放在火炉上，否则培养基的水分将减少，甚至熬焦培养基。若培养基量大，则可盛于保温桶中。分装方法如下：

①将熬好的培养基趁热分装。用勺将培养基放入漏斗中，左手握2~5支试管，右手持漏斗下面的玻璃管放入试管口内，同时放开止水夹，让培养基逐个流入试管内，培养

基高度为试管长度的1/5～1/4（10～15mL），应避免培养基沾到试管口内外。分装后的试管要立放。

②加塞。事先制作一次性使用的不包纱布的棉塞或循环使用的纱布棉塞，大小为试管长度的1/5，棉塞松紧要适度，以手提棉塞轻晃试管不滑出为度。管口内棉塞底部要求光滑，侧面要求无褶皱。培养基装好后，立即塞上棉塞。2/3长插入试管，1/3长留在管外。

③捆扎。将试管7或10支一捆，在每捆的棉塞上面包一层牛皮纸，用线绳扎好，防止灭菌时蒸汽浸湿棉塞。将捆好的试管竖放入高压锅网筐内，用高压蒸汽灭菌。

（三）母种培养基的灭菌

按照手提式高压蒸汽灭菌锅的操作规程对培养基进行灭菌，一般121℃灭菌30min。灭菌结束后待温度、压力降到0，打开锅盖，让锅内多余蒸汽逸出，利用锅体余热烘干棉塞后取出已灭菌物品；趁热将试管摆成斜面，培养基以试管长度的3/5为宜，斜面试管上应覆盖洁净的厚毛巾或几层纱布，防止试管内产生过多的冷凝水。斜面制成后，如不马上使用，可在5℃的冰箱中保存待用。具体操作流程如下：

（1）先在外锅内加入适量的水，然后将灭菌物品放入内锅，管口或瓶口向上但不要贴到锅边，以免蒸汽冷凝水进入试管或菌种瓶。注意灭菌物品不要装得太满，以免蒸汽在锅内流通不畅，导致灭菌物品灭菌不彻底。

（2）将盖上的放气管插入内锅内壁管孔内，盖上锅盖，然后按对称方式扭紧锅盖上的螺丝，并将盖上的放气阀打开。

（3）将消毒锅放在电炉或火炉上加热，当锅内水沸腾后即有气体从放气孔中排出，当有大量热蒸汽排出时，再继续排气5～10min，然后关闭放气阀门灭菌。或在锅内压力升值0.05MPa（0.5kgf/cm^2）时，打开放气阀放净锅内空气。

（4）当压力表指针指到0.1MPa（1kgf/cm^2）处时，开始计时，灭菌20～30min（注意压力表指针始终保持在0.1MPa左右）。拿掉火炉，自然降温，待指针回到0位时打开放气阀，然后对称扭松螺丝，将盖打开。千万不要在压力表未到0位时就扭松螺丝。有时急用，可以稍稍打开放气阀，缓缓放气减压，但排气不可过速，以免突然减压致使棉塞冲出或试管内液体沸腾而溅到棉塞上，甚至使瓶子或试管爆裂。

（5）摆斜面。灭菌后，待试管内培养基稍加冷却后立即摆斜面。将试管取出后斜放在1cm左右厚的木板条上使培养基呈一斜面，斜面的长度为试管长度的3/5。上用干毛巾覆盖，使其缓慢冷却，以防冷凝水积聚过多。冷却凝固后，即成斜面培养基，即可收起备用。

配制工艺流程如下：

原料称取→溶解、煮沸、热浸泡→过滤取液→添加琼脂→溶解→过滤→分装于试管→塞棉塞→高压灭菌→凝固成斜面

（四）母种转管技术

（1）物品及用具准备。将除母种以外的接种用相关物品、用具整齐有序地放入接种箱中或超净工作台备用。

（2）接种设备预处理。接种箱用气雾消毒剂熏蒸80min后使用；超净工作台在接种操作前开启紫外线灯30min，操作前20min开启风机。

（3）接种操作。

①将双手洗净伸入超净工作台或接种箱内，并用酒精棉球擦拭双手、母种试管壁和接种工具，点燃酒精灯。

②在无菌条件下，左手持待接试管和母种管并排于食指和拇指间，食指在下，拇指在上。注意两支试管口对齐于火焰上方；右手持接种铲，用75％酒精棉球擦拭并在火焰上灼烧灭菌后，用食指和手掌拔掉试管棉塞，使棉塞底部朝外；接种铲伸入菌种管内经管壁冷却，然后切取绿豆大小的菌种块，轻轻抽出接种铲（注意不要在火焰上烧灼菌种），迅速将接种铲伸进待接试管中，在斜面中部放下菌块；然后将试管口和棉塞在火焰上快速灼烧后塞紧棉塞（注意不要用试管口去迎棉塞）。换上第二支待接斜面试管，重复如上操作。注意：操作过程中，试管口一定处于火焰无菌区。动作要求做到快、准、轻，接种铲不要触碰管口及试管壁，以防杂菌污染。接种完毕后，规范标签书写内容，及时贴上标签，进行适温培养。

培养基接种后，在适宜温度的恒温培养箱中闭光培养，及时淘汰污染杂菌的试管，一般10d左右菌丝可长满试管。

四、实训作业

（1）简述培养基制作过程及其需要注意的几个关键环节。

（2）如何正确使用高压蒸汽灭菌锅对培养基进行灭菌？

（3）母种扩繁的整个过程为什么要在酒精灯火焰上方进行？指出母种扩繁过程中的关键技术。

（4）观察培养结果并对出现的问题进行分析与讨论。

（5）在制作PDA培养基过程中，为什么要用牛皮纸将试管棉塞部分封盖灭菌？

（6）灭菌时，锅内水沸腾后，为什么在锅内压力升至0.05MPa（500gf/cm^2）时要打开放气阀放净锅内原来的空气？

（7）在母种培养基灭菌取出未凝固之前，为什么要用干毛巾覆盖在试管上？

实训指导五　食用菌原种的制作

原种即二级种，就是把培养好的优良母种菌丝体，移接到谷粒、木屑、粪草或棉籽壳等原料制成的培养基上，使其进一步扩大繁殖，这样的菌种叫原种。原种主要用来繁殖三级种（栽培种），可以直接用于栽培。

菇类不同，原种培养基的成分不同。一般草腐菌（双孢蘑菇、草菇等）可用粪草原料配成；木腐菌（香菇、平菇等）可用木屑或棉籽壳加麦麸或米糠为主要原料来配制；谷粒种适用于大多数食用菌。随着食用菌生产的发展，用作原种培养基的配方越来越多，原料也越来越广。

一、实训目的

通过实训熟练掌握原种培养基的配料、装瓶（袋）、灭菌、接种、培养等生产工艺流程。了解原种培养基的不同配方及其相关的配制方法。

二、实训材料与用具

1.材料用品

麦粒、麦麸、棉籽壳、石膏、碳酸钙、白糖。

2.仪器用具

立式高压灭菌锅或卧式高压蒸汽灭菌锅、接种箱（室）、架盘天平、火炉、菌种瓶或菌种袋（菌种瓶口径3cm，容积750mL）、铁铲、塑料绳、塑料环、不锈钢锅、大盆、擦布、牛皮纸、胶皮筋、聚丙烯薄膜等。

三、培养基配方

1.木屑米糠培养基

适用于木耳、香菇、杨树菇、猴头菇等木腐生类食用菌。木屑78%、米糠或麦麸

20%、蔗糖（俗称白糖）1%、石膏1%。料水比为1：（1.4～1.6），使含水量达到60%，即用手握抓培养料时指缝有水出现但不滴水。

2. 麦粒培养基

适用于金针菇、草菇、平菇、猴头等。麦粒200kg、碳酸钙2kg、蔗糖2kg、水500L。

3. 棉籽壳培养基

适用于多种食用菌。棉籽壳78kg、麦麸20kg、白糖1kg、过磷酸钙1kg、水约200L。

四、实训步骤与方法

（一）木屑米糠培养基的配制

1. 拌料

根据原种生产计划的数量，计算所需不同种类原料的用量，分别称取后，将主料和不溶性辅料混拌均匀，用水中溶解可溶性辅料，分次泼入拌好的主料中，混拌均匀，继续加水拌料。注意拌料时边加水边测量含水量，以便更好地控制水分，不至于过多或不足。

2. 含水量的测定

用手抓一把混拌均匀的培养料，紧握，松手后培养料不松散，手指缝中有水渗出但不成滴为适宜含水量。

3. 装瓶

将培养料装入所需菌种瓶中，边装边压实，一直装到菌种瓶的瓶肩处。注意装瓶不宜过紧，太紧会导致透气性差，影响菌丝生长，以手按结实有弹性为宜。

4. 打孔

为了增加瓶内氧气，有助于菌丝沿着培养料迅速蔓延，培养料装好后，可用锥形木棒从瓶中央向下打一个洞，洞深离瓶底部2～3cm，也便于固定菌种块，不致游动而影响成活，有利于瓶下部菌丝生长良好。

5. 擦瓶

打孔后，用湿布或湿毛巾将瓶口和瓶外黏附的培养料擦净、擦干，以免接种后产生杂菌污染。

6. 包扎

擦瓶后立即塞上棉塞，用牛皮纸将瓶口及棉塞包住，用绳扎紧。也可在瓶口处先放一层牛皮纸，然后盖一层聚丙烯塑料薄膜，再扎紧瓶口。

（二）棉籽壳培养基的配制

棉籽壳原种培养基的配制方法同木屑培养基相似。因棉籽壳颗粒较大，且能留有较多空隙。所以装瓶时培养料的压实比木屑的要紧。

（三）麦粒培养基的配制

1.浸料

将小麦粒用水浸泡4h或一夜后，再煮沸20~30min，蔗糖在煮沸的过程中直接加入。煮至麦粒熟而不开花。滤去水分，摊在通风处晾30~40min，使麦粒表皮不湿为宜。滤液可用于栽培时拌料用或制备母种培养基。

2.装瓶

麦粒晾好后，加入碳酸钙拌匀后，立即装瓶，装至粒面至瓶肩部即可。为了保证瓶内培养料松紧度上下一致，装瓶时要边装瓶边将瓶轻轻地扣动。

3.瓶口包扎

同木屑米糠培养基的方法一致。

4.灭菌

包扎好的料瓶放入高压灭菌锅内进行灭菌。在0.15MPa（1.5kgf/cm²）的压力下，维持1~1.5h即可。如用土蒸锅常压灭菌，须将水烧开后继续蒸6~8h，缓慢降温后取出使用。

（四）枝条菌种的制备

1.枝条菌种制作材料准备

（1）枝条：杨木、桑木、柞木、椴木、柳木等能够栽培食用菌的木材都可以制作枝条菌种，杨木的价格较低，较为常用。现在有专门生产食用菌专用枝条的厂家，也可以用雪糕棒，枝条长度一般为12~15cm，宽为0.5~0.7cm，厚为0.5~0.7cm，枝条的规格要根据栽培袋的大小进行选择。

（2）菌种：提前准备好二级种，二级种的纯度和活性直接影响到枝条菌种的质量，一定要做好。

（3）菌袋：枝条菌种一般使用17cm×30cm，或者15cm×28cm的聚丙烯折角袋，聚丙烯的菌袋透明度好，便于观察菌丝长势和污染情况，如果采用高压灭菌则必须使用聚丙烯菌袋，可以用棉花封口。

（4）辅料准备：木屑、麦麸、白灰、石膏，用来填充枝条之间的空隙；白糖、磷酸二氢钾、硫酸镁，用来配制浸泡枝条的营养液。

2.枝条菌种制作步骤

（1）浸泡枝条。营养液配制：白糖10g、磷酸二氢钾2g、硫酸镁1g、水1000mL，按照比例配制适量营养液，将枝条整捆放入营养液中浸泡15h，浸泡时间要根据枝条的规格、气温进行调整，目的是枝条要泡透，可以将枝条敲碎，观察是否有白芯，如果有说明没有泡透。

（2）配制辅料：木屑50％、麦麸48％、石膏1％、白灰1％、含水量60％～65％，木屑需要提前预湿，拌好备用。注意：其中白灰要根据酸碱度的实际情况进行调整。

（3）装袋：将浸泡好的枝条和配制好的辅料混合，每根枝条表面都沾上辅料，袋底部先装入少量的辅料，然后装入枝条，每个菌袋可以装入150～200根枝条，在枝条表面覆盖少量的辅料，然后封口，准备灭菌。

（4）灭菌：枝条菌种高压灭菌2h，常压灭菌12h。

（5）冷却：在冷却室或者相对干净的房间冷却，当温度降至20℃，准备接种。

（6）接种：在接种室或者接种箱内接入二级种。

（7）培养：根据不同品种，在适合的温度下培养，当菌丝全部走满，在培养3～5d，有利于菌丝生长进枝条内部。

3.枝条菌种的优点和缺点

（1）优点：

①枝条菌种萌发较快，因为菌丝生长到枝条内部，不容易死亡和老化。木条菌种空隙多、通气性好，菌丝吃料快，生长旺盛，菌龄上下一致，能缩短发菌时间，母种接种到木条原种上，20d菌丝就渗透木条而长满全瓶，比木屑培养基培菌缩短5d左右；用木条原种接入栽培种上，培菌时间更可缩短：750mL玻璃瓶只要15d就可长满全瓶，比木屑栽培种缩短15d，木条菌种长12cm，接入培养料中间，发菌上下左右前后一起生长，菌丝纵横延伸，因此发菌时间可大大缩短。

②接种方便，速度快。接种用木条枝条，菌种利用率高，杂菌污染少，一次性使用价格低廉节省劳动力无毒无味，可根据食用菌品种不同，农户条件操作不同等各方面因素，灵活运用，枝条尺寸也可根据用户要求变动，木条菌种做原种一根木条接种一袋，没有接多接少和浪费现象。

③不需要打开全部袋口，培养基暴露的时间段，可减小污染的概率。

④木条的材质以山东聊城市冠县地区杨木为佳，此地杨木木材密度较低，木条发菌快，且杨木的来源多，备用量大，价格低廉。

（2）缺点：

①对制作技术要求较高。

②对灭菌要求较高，最好采用高压灭菌的方式进行灭菌。

五、注意事项

（1）小麦粒可用高粱粒代替。制作平菇种时还可用玉米粒、大麦粒、小米粒等代替。

（2）原种培养基每瓶装干料200g左右。装好的瓶子要当天灭菌，以免培养料发霉变质。

（3）麦粒菌种菌丝生长状况，取决于麦粒煮沸过程中含水量的控制。偏湿，菌丝虽蔓延较迅速，但易出现块状菌被团块（菌丝密结成膜状菌块）；偏干，反而比偏湿好，不易出现菌被，但长满瓶时间拉长。

（4）麦粒装瓶过程中添10%左右发酵后短纤维粪草作为填补麦粒间的空隙，并压紧实，可预防后期出现"菌被"。其实即使出现"菌被"也可以通过栽培使用时扒除将其去掉。

（5）一旦高压灭菌结束，出锅后应尽快用干麻袋将菌种瓶全面覆盖，以防在冷却中出现过多冷凝水，引起部分麦粒吸胀，导致细菌性污染。

（6）枝条菌种制作时需注意：

①浸泡3~4h，取出枝条折断看内部是否湿润，拧动枝条是否有液体滴下为准。

②先在菌袋下部铺一层培养料，以防枝条扎破菌袋。

③放入枝条，松紧度适中。

④在枝条的上层放一层培养料，并晃动菌袋使培养料分布于枝条的缝隙中，最后枝条在上方保持一层培养料即可。

⑤将菌袋口收起，加上双套环，位置离料面两指半左右，给接菌留出空间。

六、实训作业

（1）原种培养基装瓶后，为什么要用湿布或湿毛巾多次擦净瓶外至瓶颈内腔？

（2）原种培养基装好后，必须在当天及时进行灭菌，为什么？

（3）原种培养基制作过程中，为什么容易出现块状菌被团块？你怎样预防它？

（4）原种培养基装瓶后，为什么要用锥形捣木在瓶内打孔？

（5）原种培养基装满瓶后，其瓶的上部培养料是紧一些好，还是松一些好？为什么？

（6）培养料装得过紧或过松将会产生什么样的结果？

实训指导六　食用菌栽培种的制作

栽培种（俗称三级种）即将原种接入瓶内扩大而成，获得直接用于生产的菌种，称之为栽培种。栽培种的制作方法与原种基本相同。不同菇类，制备栽培种所用培养基的成分也有差异，常用的培养料有棉籽壳、木屑、菇木和粪草等。栽培种常用聚丙烯塑料袋装料，也可用瓶装。袋装具有装量多、容易取用和便于携带等优点，但使用塑料袋时要仔细检查，有时塑料袋有封口不严或砂眼，易产生污染。

一、实训目的

通过本实训制作了解栽培种（配料→装瓶或袋→灭菌→冷却→接种→培养）生产工艺流程，并了解栽培种培养基的不同配方及不同的制作方法。

二、实训材料与用具

1. 材料用品

葡萄糖、马铃薯、琼脂、水、硫酸镁、磷酸二氢钾、维生素B_1、普通棉花、皮套、报纸、平菇、黑木耳、香菇等母种，待接试管斜面培养基等。

2. 仪器用具

高压蒸汽灭菌锅、超净工作台或接种箱、恒温培养箱、电磁炉（或可调式电炉）、铝锅（或不锈钢锅）、托盘天平、玻璃棒、切刀、切板、量杯、剪刀、烧杯、试管（18mm×180mm 或 20mm×200mm）、漏斗、漏斗架、1cm 厚的长形木条（摆放斜面时垫试管用）、捆扎绳、标签、紫外线灯、75%酒精棉球、酒精灯、接种铲、火柴、气雾消毒剂、小刀、长镊子、止水夹、干毛巾、牛皮纸、纱布、塑料绳或胶圈、棉塞、pH试纸等。

三、培养基配方

1. 木屑米糠培养基

与原种相同。

2.棉籽壳培养基

棉籽壳96%、蔗糖0.5%、尿素0.4%、过磷酸钙1%、石膏1%、石灰1%、多菌灵或高锰酸钾0.1%。

四、实训内容与方法

原种的制作是把母种移接入原种培养料中，经培养而成，又称二级种。栽培种是由原种移接入栽培种培养料中，经培养而成，又称三级种。两者制备流程是相同的，即培养基的配制→装瓶（或装袋）→灭菌→接种→适温培养。

（一）用菌种瓶制作菌种

1.培养基的配制

将不易溶于水的辅料粉碎后，加入主料拌匀，再将易溶于水的蔗糖、尿素、高锰酸钾等用温水溶解后也加入其中拌匀。水的分量与原种配料时相同。装料时可用750mL标准菌瓶及聚丙烯熟料袋（规格：15~17mm×26~30mm）。有的也用生理盐水瓶、酒瓶、罐头瓶来代替，但这三种瓶规格众多，使用有若干不便。若用瓶装料，在装瓶时要满至瓶肩，要装得松紧均匀合适，旁边饱满。洗抹干净袋口、瓶口后，装瓶的包封同原种。置于0.13MPa（1.4kgf/cm^2）高压蒸汽灭菌2h。米糠培养基和粪草培养基也可用蒸笼式，100℃、10~12h。

2.接种

（1）无菌检查所用菌种：接种前首先检查棉塞上或菌种内有无霉孢子菌落及杂菌侵入所形成的湿斑、拮抗线。有明显杂菌侵染或有怀疑的菌种，培养及开始干缩或在瓶壁上有大量黄褐色分泌物的菌种，培养基内大多是细线状菌索或菌丝生长稀疏的菌种，没有菌种标签的可疑菌种，均不能用于接种。

（2）栽培种接种法：将已挑选好的原种用75%的酒精棉球擦拭外壁，用火焰烧灼在瓶口外的棉花，以杀死可能存在的杂菌，以防开瓶时落入瓶内。然后拔去棉塞，用火焰封锁瓶口，固定在瓶架上（或用左手持瓶）。若瓶塞在保存中受潮生霉，或对棉塞有怀疑，培养基上虽然看不出来杂菌所形成的菌落，但有可能掺入杂菌孢子，一般弃去不用。若必须使用时，用一张干净白纸包住瓶口（不要拔棉塞），用酒精棉球反复擦拭瓶及瓶底，并在火焰上烧灼。用小铁锤或其他金属工具将瓶底击穿，固定在瓶架上，从瓶底取种接种。一般只用培养基中下部，上部弃去不用。

栽培种接种时，可视需要用单人操作或双人操作。单人操作时，用左手持菌种瓶，右手拔去封口纸或棉塞，用酒精灯火焰封锁瓶口，然后用右手执接种工具，经烧灼后，在原种瓶内取原种接种。用棉籽壳、堆肥、草粉或谷粒制作的原种，用接种匙挖取菌种接种。除将菌种块固定在接种穴内外，表面另撒少量菌种碎屑。每瓶原种可接种45～80瓶。表面老化、萎缩或已形成菌皮、子实体原基的部分弃去不用。若用双人操作，一人负责拿原种瓶并夹取菌种接种；另一人负责打开瓶盖。若是封口纸，开45°角即可（注意手不要碰到封口纸内表面）。接种后，用酒精灯火焰烧灼瓶口、棉塞或封口纸，立即盖上棉塞，通过瓶壁观察菌种是否固定在接种穴内，菌种碎屑若集中在瓶内一侧，则轻轻摇动，使之分散在培养基表面。

（二）塑料袋接种法

1. 塑料袋加工

选用聚丙烯塑筒，宽度为15cm，裁成28cm长的塑料袋，随之进行封口加工。少批量生产可向生产厂家订购，订购时必须注意袋底是否封牢。

2. 填料

将培养料填入袋内至大半袋，随后，右手提起袋口，左手食指和拇指将袋底两角塞入袋内，再用右掌前指将袋内培养料压实，使料袋成圆柱状（体），然后再添加培养料至袋高10～12cm，将袋口木屑料擦净，袋中间用小木棒打一孔穴，以加快菌种蔓延。

3. 套环

商品套环（高3.5cm、口径为3.0cm）价格为0.04～0.10元。也可以自制，用有一定厚度（0.5～1mm）废彩印包装带剪成13～15cm长，卷成口径3～4cm的圆圈用钢锯条在火上加温，趁热在交接点热烫而成，冷却即可。也可以根据实际情况加工成各种型号的备用。使用时将套环套入塑料袋口，向外翻折，袋口用手指攥实，塞上棉塞。

4. 灭菌

进行常压灭菌。如使用高压灭菌，灭菌结束后，应缓慢放气，否则易引起胀袋甚至破袋。

5. 接种

由于塑料袋质软，袋口不能直立，又不能接近酒精灯火焰，给操作带来许多不便。因此，塑料袋最好在超净工作台或无菌条件较好的接种箱内接种，并严格进行灭菌。接种时采用双人操作。按常规无菌操作接种，跟原种扩接栽培种一样。但由于口径较小，接种时要准确迅速。

由于塑料袋较薄，易刺破，无固定体积等，因而制种时，必须根据其特点，采取相应措施解决。通常解决的办法是接种后，在有皱褶的袋底部分，用浓石灰水浸泡片刻，立即自然风干，使有可能出现而又不容易发现的裂缝被石灰浆密封，能防止杂菌进入，这种方法比撒干石灰粉效果好。

（三）栽培种恒温培养

将接种好的栽培种瓶（袋），放在25～27℃的培养室菌种架上培养，袋间瓶间不要过分挤压，更不能叠放。接种后每隔三天检查一次，连续检查2～3次，及时淘汰有杂菌的瓶（袋）。经25～30d菌丝长满瓶（袋）底，即可取出做生产栽培种备用。

一般来说，原种瓶长满7～8d后，最适用于扩大培养栽培种；栽培种满瓶后7～15d，最适用于播种。如暂时不用，要将其移放在凉爽、干燥、清洁的室内避光保存，勿使菌种老化。在10℃以下低温，原种保藏时间不要超过3个月，栽培种不要超过2个月。在室温下要缩短保存时间。如温度低，可保藏时间长些；温度高，保藏时间应短些。总之，保藏室的温度不宜超过20℃，但不能低于0摄氏度。

（四）栽培种质量合格的表征

香菇：菌丝白色粗壮，均匀分布料中，与料结合紧实不松，呈黄白色，后期表面菌丝形成棕褐色皮膜及少数爆裂的瘤状物，但无萎缩老化现象，没有污染。

木耳：菌丝白色，均匀分布料中，呈黄白色，以分不出米糠颗粒，连接紧实，无菌丝萎缩和发黄现象，无污染杂菌，表面出现少数棕色或褐色的胶状物。

平菇：菌丝白色，丰满，均匀分布于料中，连接性好，伸延势旺，爬壁力强，无萎缩、发黄、出原基的老化现象，无污染存在。平菇气味浓。

蘑菇：菌丝灰白、密结均匀，气生绒毛状菌丝少，匍匐菌丝组成细线状伸展，表面无黄白色厚菌皮，有蘑菇种特有气味。无稀疏溃水状，无萎缩老化现象，无杂菌、病菌和害虫。

草菇：菌丝粗壮，均匀分布表面及料中，呈灰白色至淡黄色，有许多红褐色厚坦孢子（有厚坦孢子型），无萎缩老化和腐烂出黄水现象，没有杂菌和害虫侵染。

金针菇：菌丝洁白粗壮，生长旺盛，无杂菌污染。

猴头菇：菌丝白色，均匀健壮，生长快，料面易产生瘤状子实体原基。无干缩老化或吐黄水现象，无杂菌污染。

灵芝：菌丝浓密，白色，上下分布均匀，易形成原基为优良菌种。

（五）食用菌菌种生产流程总结

1. 消毒与灭菌的区别

消毒：采用物理、化学方法除去物品表面上的病原菌，是一种不彻底的灭菌方法。

灭菌：采用物理、化学的方法，使附着物体孔隙内的微生物致死，是一种彻底的灭菌方法。

空气、沙土、水滴、尘埃、各种生物体及物体表面或孔隙内均存在大量真菌、细菌的孢子等。为了使培养基质能获得菌丝体的纯培养，就必须采用化学或物理方法等手段进行消毒或灭菌。消毒和灭菌的作用就在于创造无菌的培养基质和无菌环境，以杜绝杂菌的侵入。在栽培过程中，由于杂菌的侵染，对菌丝或子实体造成危害，所采取的技术措施便称为杂菌防治，虽然两者目的相同，但就其防治意义上来说，仍属于两个不同的概念。

2. 食用菌菌种三级制种

为了保证菌种质量，我国现行主要使用优秀的菌株扩制母种。从而经过严格的筛选提纯得到"原始种"，再经中试后确定母种，最终挑选出合格的母种扩繁原种，再挑选合格的原种去扩繁栽培种，合格的栽培种就可以提供栽培者种菇。因此，只有坚持选用良种，按照三级制种要求配套的技术去做，才有可能制出高质量的供生产使用的栽培种。

各级菌种生产，使用基质不一，生产工艺流程有别，但大致都按照上述三级制种工艺流程制种。对一些适应性强、菌丝生长快的菇类（如平菇），可用子实体直接繁殖栽培种或用生料培养栽培种。

五、实训作业

（1）消毒与灭菌是同一概念吗？为什么？

（2）你怎样确定投入生产的母种是优良菌种？

（3）实践证明，保藏的母种经3~5次代传，就必须用分离方法进行复壮，为什么？

（4）生产上的制种，为什么一般都要经过三级制种阶段？

（5）栽培种用什么方法保藏？在10℃以下低温，栽培种一般可保藏多长时间？一般保藏室的温度范围是多少？

（6）塑料袋接种完毕，因袋较薄易刺破，容易感染杂菌，应采取什么措施加以解决杂菌侵入问题？

（7）塑料袋填料的操作过程是什么？

（8）对原种的部分培养基和棉塞怀疑有杂菌，但根据实际又必须使用时，应用什么办法取种接种？

（9）原种与栽培种的不同点是什么？

（10）在生产实践中，怎样识别杂菌？

实训指导七　食用菌的扩接与培养

一、实训目的

了解无菌操作的基本原理，掌握接种技术。

二、实训原理

在食用菌菌种生产和相关科研工作中，经常要将一些种类的食用菌纯培养物移植或接入新的培养基上使其生长繁殖，而该过程必须在无菌环境中严格按无菌操作规程进行，以防杂菌污染。一般在接种箱、无菌室或超净工作台上进行接种。接种前要对环境进行消毒。一般是用37％~40％甲醛溶液于接种前按5mL/m³的量熏蒸半小时；也可用紫外灯照射半小时，以杀死空气中的微生物。

三、实训材料与用具

1.材料用品

平菇斜面菌种、平菇原种。

2.仪器用具

接种钩、酒精灯、火柴、蒸发皿、甲醛、高锰酸钾、70％酒精、接种箱、超净工作台。

四、实训内容与方法

（一）一级种（母种）接种

（1）在接种箱内，将待接的斜面试管、接种钩、酒精灯、火柴等放入接种箱内。

（2）在培养皿中倒入5mL甲醛，置于接种箱中央；取3.5g高锰酸钾倒入蒸发皿中；立即盖上接种箱盖，熏蒸半小时。

（3）将一级种放入接种箱内。

（4）将手用含70％酒精的棉球擦拭消毒后，双手伸入接种箱内，点燃酒精灯。

（5）右手持接种钩，用酒精灯火焰将接种钩的顶端烧红，整支接种钩过火几次，进行火焰烧灼灭菌。

（6）左手持一级种试管，用右手小指夹住棉塞并旋出棉塞。

（7）用冷却的接种针，将已长满菌丝的培养基划成1cm^{2}的方块，钩出一块菌种，塞回棉塞。再用右手将待接试管棉塞旋出，于火焰口附近，将接种块移入培养基斜面的中部。并将棉塞头过火，塞回试管。周而复始，每支一级种可接10~15支试管。

（二）二级种（原种）接种

（1）将二级种培养基及接种工具放入接种箱，然后用甲醛或紫外线消毒30min（具体做法见前述）。

（2）用接种针把一级种划成1cm^{2}小块，用接种针钩出一小块菌种，左手持二级种瓶，瓶口靠近酒精灯，右手夹住棉花塞并将其拔出，将菌种块放入二级种瓶内，塞回棉花塞。按此法扩接，每支一级种可接6~8瓶二级种。

（三）三级种（栽培种）接种

（1）将栽培种培养基及95%酒精棉球、长柄镊子、接种匙、接种架等放入接种箱内，并按上述方法进行消毒。

（2）把二级种放在接种架上，用镊子夹一块酒精棉球，取出原种瓶的棉花塞，将酒精棉球点燃，在瓶口附近燃烧，进行瓶口消毒。用已经火焰消毒的接种匙将二级种表面培养基的老化菌丝层耙掉，再将下面长满菌丝的培养基在瓶内挖碎（木屑培养基挖成蚕豆大小；麦粒种应挖散成粒状；粪草类培养基用长柄镊子镊取）。左手拿三级种瓶，右手夹住棉花塞，并将其拔出，然后用接种匙铲取一满匙菌种移入三级瓶内，塞回棉花塞。周而复始，每瓶三级种可接40~60瓶三级种。

（四）菌种培养

一级种一般放在培养箱中培养，视所用菌种而进行温度控制。一般平菇以22~25°C为宜。

二级种或三级种一般培养在适宜培养室中，培养室应干净、黑暗、保温、干燥，并有控温设备。

一级种和二级种，其接种块应放在中央，菌丝面朝上，三级种应将接种物均匀分布在四周。

接种后4~5d，应检查一次。发现污染菌种应及时挑出来。当菌丝长到一半时，再检查一次。菌丝长满时再检查一次。

接种后的试管或菌瓶应贴标签。注明菌号、菌名、接种日期及接种人姓名等信息。

（五）记录结果

记录接种瓶数、成活瓶数，并计算成活率。如有污染，应分析其原因。

五、实训作业

（1）讨论无菌操作的关键是什么？

（2）接种过程中应该注意哪些方面？

实训指导八　食用菌菌种的分离

项目一　孢子分离法

一、实训目的

学习并掌握孢子分离的菌种分离技术。

二、实训原理

孢子分离，是利用食用菌成熟的有性孢子萌发形成菌丝体来获得纯菌种的方法。孢子分离方法有单孢分离与多孢分离方法。一般来说多孢分离所获得的菌丝体能够形成子实体。单孢分离可以显现出单个孢子萌发的个体所具有的性状，为选育优良菌株，改善品种提供机遇，是遗传育种的手段之一。

三、实训材料与用具

1.材料用品

蘑菇、香菇、平菇子实体、试管斜面母种培养基（PDA）。

2.仪器用具

玻璃钟罩、培养皿、玻璃试管、三角烧瓶、吸水纸、纱布、注射针筒、玻璃棒、吸球、大漏斗、75%酒精、眼科膝腿镊、0.1%升汞。

四、实训内容与方法

（一）弹射分离法

1.弹射分离装置

用直径15cm的大培养皿作底盘。上面放一个直径9cm的小培养皿，皿内放层滤纸，用于收集孢子，小培养皿中放一个不锈钢支架（插种菇用），上面加盖玻璃钟罩（也可用灯罩或大漏斗代替，上口用四层纱布封闭），然后整个装置在0.15MPa（1.5kgf/cm²）的压力下灭菌45min或经160℃电热干燥箱灭菌90min备用。

2. 准备斜面PDA培养基

3. 选择种菇

取优良品种中发育健壮，无畸形，伞大柄短的子实体。种菇的子实体成熟度要适宜，尚未完全成熟的子实体的孢子发育不够健全，孢子散落数量少，萌发力弱，老熟的子实体孢子弹射已近后期，所获得的孢子数量少而质量差，孢子的萌发力和菌丝的生活力比较弱，八到九成熟的子实体是较适宜的时期。

4. 种菇消毒

无菌箱内操作，先将种菇表面的杂物除净，用75%的酒精棉球擦拭表面，再用无菌水冲洗，用无菌纱布吸干水分，然后切掉菌柄。

5. 弹射分离

在无菌室内打开钟罩，菌盖向下，插在插座上，随后盖上玻璃罩，在罩下口放一层脱脂棉，用0.1%升汞浸湿，整个装置放在照明而干净的温室内。

适于孢子弹射的温度：香菇16～18℃、草菇28～30℃、黑木耳22～24℃、金针菇16～18℃、平菇16～25℃、毛木耳22～28℃。

6. 采收孢子接种

在纸上有一层粉状孢子时（蘑菇孢子由淡色转为咖啡色时为宜，为深咖啡色时为弹射过度，后期的孢子生活力较差）。将装置移入接种箱内，无菌操作，用接种环蘸取孢子涂布于培养基表面，或放于盛有灭菌生理盐水的大试管中，制成孢子悬浮液，将孢子1～2滴加到培养基上。

7. 培养

把接种好的试管放在适宜的温度中培养。香菇孢子萌发的温度为22～25℃、平菇为25℃。

8. 挑选菌落转接

培养6～10d以后，在斜面上会出现星星点点的星状菌落，及时挑选发育健壮、生长整齐均匀的菌落转接到斜面培养基上培养。异宗结合的菌类，要取不同的菌落转接于同一斜面上，以便菌丝结合形成双核菌丝。

9.结菇试验

进行小面积试种，做若干瓶原种以供做结菇试验，用原种直接出菇。从小试过程中挑选性状好的菌株，再进一步复种检验，留下性状稳定的菌株作为母种。

（二）褶片贴附分离法

1.材料准备

准备PDA斜面培养基、选择种菇、种菇消毒同前所述。

2.贴褶培养

平菇孢子成熟的次序是由近柄的基部向前缘推移。无菌箱内操作，在菌盖前缘隆起处，用烧灼灭菌的解剖剪剪取1~5cm宽的一段菌褶，用灭菌后的眼科膝腿镊剥取1片菌褶贴到斜面上部的试管壁上塞好棉塞，将试管放到纸盒内，使菌褶正好在斜面的正上方，于自然温度下6~8h，斜面就会看到孢子印。在无菌箱内，无菌操作取出菌褶，将试管放在25℃下培养，3d后萌发，10d左右即可长满斜面。

3.结菇实验

如前所述。

五、实训作业

（1）孢子分离的意义有哪些？

（2）怎样防止孢子分离的杂菌污染？

项目二　组织分离法

一、实训目的

学习并掌握菌种的组织分离技术。

二、实训原理

组织分离法是常用的食用菌菌种分离技术，也是常用的菌种复壮方法。食用菌子实体是由菌丝扭结、组织化形成的，从子实体上将菌丝分离下来以后，给予适宜的环境条件，即可萌发生长，形成新的菌丝体。由子实体分离得到的菌丝体细胞为双核的，可直接作为母种，但要经过出菇试验方可使用。食用菌种类不同，其最佳组织分离部位也有差异。如香菇、平菇、双孢蘑菇以菌柄与菌盖相连处的组织较好，猴头菇以心部菌肉为好，金针菇以菌柄上部为佳，银耳、木耳以耳基为好。若菇类有菌幕，可以在菌幕破裂之前取材，被菌幕包被的内部菌丝组织是无菌的，可以取其菌盖、菌柄或菌褶进行培养。

三、实训材料与用具

1.材料用品

斜面培养基、平菇子实体或蘑菇、金针菇子实体等。

2.仪器用具

培养箱、无菌箱、接种针、尖头镊子、解剖刀、酒精灯、消毒用酒精棉球。

四、实训内容与方法

（一）培养基准备

准备斜面培养基，用无菌箱灭菌。

（二）消毒处理

选择种菇，进行表面消毒。若是野生菇类的菌种分离，尽量选取幼嫩，生长健壮、未开伞的子实体，采下后用灭菌湿纱布包好保湿带回，无菌箱内用75%酒精棉球擦拭表面，然后用无菌水冲洗，无菌纱布吸干水。若是菌种复壮，则要选取已长到特征明显，接近子实体成熟期的子实体，所选的种菇要具有良好的特征，并且生长健壮，朵形好的子实体。通常也采用75%酒精棉球擦拭灭菌，无菌水冲洗，无菌纱布吸水的处理办法。

（三）切取组织接种

1.撕裂法

撕裂法适用于平菇、香菇、蘑菇等子实体较大的菌类，用菌肉组织进行分离时，可以采用撕裂法，使其内部菌肉暴露。超净工作台或接种箱放入子实体、培养基等后，熏蒸灭菌或喷雾灭菌，箱内空气中已无菌，可以直接操作，否则，操作要在酒精灯火焰上进行。左手持待接种斜面试管，并用已消毒小指夹住菌盖的一部分，右手持尖头镊子，并在酒精灯火焰上高温灼烧灭菌，右手小指与环指夹住菌盖的另一部分，将菌盖从菌柄中央撕开，露出菌肉。右手小指夹住试管的棉塞并拔出，用酒精灯火焰将试管口烧灼灭菌。在子实体的合适部位取材，无菌镊子开一小口插到菌肉中，用力钳断菌肉，沿菌丝走向隔0.5～1cm再取同样宽度，将镊尖插入菌肉，钳断菌丝，然后取中央的这块菌肉组织放到试管的斜面培养基上，烧灼管口与棉塞，塞好棉塞，烧灼镊子，操作完毕。整个操作过程注意镊子不要碰触子实体的任何外向面部位，以免沾上杂菌或其孢子。

2. 表皮下取材法

表皮下取材法适用于菌肉较薄的子实体的组织分离。取来的子实体不经消毒处理，直接放入无菌箱或超净工作台中操作。用无菌剪刀或手术刀剪断或切开菌盖表皮，镊子灭菌后将菌盖表皮拉开，露出菌肉，镊子经过火焰灭菌后再将镊子未接触过的、露出的菌肉截成小块，然后放入斜面试管中，棉塞与管口用火焰灼烧灭菌，塞好棉塞即可。

（四）培养

将接好子实体组织块的斜面试管放入适宜温度的恒温培养箱中培养。3d后可见组织块产生绒毛状菌丝，10～15d即可长满斜面试管。将长满的斜面试管再转接一次即可作为母种。培养过程中要经常检查有无杂菌污染，出现污染的应及时捡出。

五、注意事项

传统的组织分离法分离菌种种菇要用75％酒精或0.1％升汞进行表面消毒。由于菇体吸收水分，消毒剂常随之进入菌肉组织，无菌水不易将之洗掉，即使消毒剂没有渗进菌肉组织，由于菌丝细胞吸水，其生活力也会有所下降，分离不易成功。现在，除子实体较大可采用75％酒精棉球擦拭之外，一般不必经过消毒处理，直接取材，但取材时应注意只取表面内部组织，接种工具不能接触外表面，包括菌褶及其基部。

六、实训作业

（1）为什么取没有接触过其他物品的菌肉组织可以分离出菌种？

（2）组织分离成功的关键是什么？

实训指导九　食用菌菌种的保藏与复壮

一、实训目的

掌握利用干燥、低温、缺氧的环境进行菌种保藏的基本原理，学会保持食用菌菌种的生活力及优良性状的常用方法，了解食用菌菌种易变异和退化的特性。退化了的菌种可以通过采取一定的措施进行复壮，使菌种恢复原来的优良性状。所谓菌种复壮，就是从衰退的菌种群体中找出未衰退的个体，从而进行分离和培养，以达到恢复原菌种优良性状的一种措施。学生可以通过相关的菌种复壮实训方法复壮菌种，达到维护食用菌菌种保藏室内菌种活性的目的。

二、实训原理

在培养或保藏菌种过程中，由于菌种自发突变的存在，会使其某些原有优良生产性状产生劣化、遗传标记丢失等现象，称为菌种衰退。菌种衰退不是突然发生的，而是一个从量变到质变的逐步演变过程。开始时，群体细胞中仅有个别细胞发生自发突变（一般均为负变），一般不会使群体菌株性能发生改变。经过连续传代培养，群体中的突变个体积累到一定数量，发展成为群体优势，整个群体即可表现严重的菌种衰退现象。

菌种复壮是人工选择的过程。生物以遗传变异为基础，通过自然选择和人工选择而得以进化。变异提供了选择的基础，选择保存了适应环境的个体，通过保存下来的个体将遗传特性遗传下来。在此基础上，再变异，再选择，再遗传，如此循环往复，生物得以不断进化。菌种复壮就是根据这个原理进行的。

三、实训材料与用具

1.材料用品

母种试管、蘑菇或灵芝八成熟的子实体、制备好的斜面培养基和木屑培养基、滤纸条（装入培养皿中经0.098MPa高压蒸汽灭菌后备用）、液体石蜡（装入三角瓶中，经高温灭菌后再放入40℃干燥箱中烘干水分后备用）、无菌空试管（带棉塞与变色硅胶）、灭菌插菇铁丝架、标签、75%酒精棉球、捆扎绳、塑料薄膜、火柴、固体石蜡、牛皮纸等。

2. 仪器用具

超净工作台或接种箱、紫外线灯、接种铲、无菌镊子、酒精灯、天平、试管架、坩埚、冰箱等。

四、实训内容与方法

（一）菌种保藏

先将超净工作台或接种箱及操作人员双手的表面进行消毒灭菌，然后在无菌条件下进行操作。

1. 斜面试管低温保藏法

将需保藏的母种接至PDA斜面试管中，于适宜条件下培养。待菌丝长至斜面的2/3时，选择菌丝生长整齐粗壮的母种试管，用剪刀剪平试管口的棉塞，利用酒精灯将固体石蜡在坩埚里溶化，用以密封试管口，在斜面试管外包扎一层塑料薄膜。最后将斜面试管朝下，置于4℃的冰箱保藏。

2. 木屑培养基保藏法

制备木屑培养基，装入菌种瓶内灭菌，提前两周将平菇母钟接入瓶内，在适宜条件下培养。待菌丝长至培养基1/2时，把瓶口棉塞剪平，用灭菌石蜡密封，最后用牛皮纸包扎。置于4℃的冰箱保藏。

3. 液体石蜡保藏法

接种箱事先消毒，将选择出的优良平菇母种斜面试管放入箱内，在无菌条件下，将母种试管置于消毒的试管架上，拔出棉塞，将已灭菌的液体石蜡注入平菇斜面试管内，淹没菌种，塞好棉塞。最后用牛皮纸包扎试管口，直立放置，闭光保藏。注意液体石蜡的量以高出斜面尖端1cm为宜。

4. 孢子滤纸保藏法

将接种箱和插菇铁丝架进行消毒和灭菌。插菇铁丝架立于装有灭菌滤纸条的培养皿内，将灵芝或蘑菇子实体插在铁丝架上，当发现有担孢子弹射在滤纸条上之后，立刻用无菌镊子将黏有担孢子的滤纸条移入无菌空试管内，把管口棉塞剪平，用无菌石蜡密封。置于低温、干燥条件下保存。

（二）菌种复壮

1.菌种复壮方法

（1）挑选健壮菌丝进行接种。每次转接菌种时，只挑选生长健壮的菌丝进行接种，使"复壮"这一行为落实在每一次的转接工作中，这是防止菌种老化简便有效的措施。

（2）分离复壮。淘汰已衰退的个体，选出尚未退化的个体，通过分离培养进行复壮。如菌丝分离，用无菌水将斜面上的菌丝稀释，将菌丝体放入三角瓶中，在无菌水中摇匀，然后转接到平板培养基上，使菌丝分布均匀，在适宜温度条件下培养至菌丝萌发形成菌落，挑选出生长健壮的菌丝接入斜面作为母种，经检验证明了同原来菌种的性状抑制，即为复壮了的菌种，可用于生产。

（3）定期分离菌种。生产上使用的菌种一般1～2年要重新分离一次，以起到复壮的作用。最常用的是组织分离法，即挑选形状及其他性状与原菌种相同，朵形大，生长健壮的子实体，从菌肉中直接获得双核菌丝进行培养。这样的方法简便易行，周期短，较为实用。也可以用孢子分离法和菇木分离法，但无论用什么分离方法，得到的菌种都要进行出菇试验，符合要求后才能用于生产或保存。另外，在菌种每一次转接保存时，经常改变一下培养基的配方成分，也能防止菌种老化退变。

2.复壮判断方法

（1）生理指标。菌株如果复壮，那么它的生长量就会恢复到原来的水平或者更高，适合用于群体研究。

（2）生化指标。如一些能够利用特殊物质作为生长必须物质的菌株，学生可以通过其生活过程中某些中间代谢物的产量作为指标，或者是这个菌株产生的酶或者是这个菌株产生的次级代谢产物等均可作为衡量指标。

（3）通过特殊的生化反应筛选出复壮的菌株。例如某菌株能够分解淀粉，那么就可以使用淀粉培养基进行培养，培养后通过碘液显色，粗略判断其是否复壮。

五、实训作业

（1）简述食用菌菌种保藏的原理及方法。

（2）讨论引起菌种衰退的原因有哪些？

（3）试设计一个检测菌种复壮效果的试验。

实训指导十　食用菌袋栽法

一、实训目的

通过本实训项目让学生初步掌握袋栽食用菌的具体方法和步骤，了解栽培一般食用菌的原料配制、消毒与灭菌、常用的原料处理等方法，并能因地制宜地进行应用。

二、实训用具

架盘天平、高压蒸汽灭菌锅或土灶、铝盆、接种箱、接种针、接种钩、酒精灯、塑料绳、塑料环、装料铲、聚丙烯或低压聚乙烯、镊子、药匙、牛皮纸、刀片。

三、常用原料

（一）主要原料

锯木屑、枝屑、落叶、废纸、废桶、甘蔗渣、甜菜渣、酒槽、棉花秆、棉籽壳、稻草、麦秸、麦糠、玉米芯、玉米秆、牛粪、马粪等。它们都富含纤维素和木质素等有机养分。

（二）辅助原料

因大多数主要原料的蛋白质含量不高，或者某些无机物补充不足需要添加一些辅助原料，辅助原料可分为有机辅助原料和无机辅助原料。按其主要成分又可分为氮素辅助原料以及无机盐补充辅助原料等。

1.氮素辅助原料

可补充主料中氮素的不足，常用的有麸皮、米糠大豆、豆腐渣、豆饼、菜籽饼、酒槽、蚕蛹、鱼粉、尿素等，其中以麸皮应用最多。

2.碳素辅助原料

可补充主料中简单糖分，供给菌丝在发育初期吸收利用。常用的有葡萄糖、蔗糖等。

3.无机盐辅助原料

主要补充主料中的矿质元素，如钙、镁、硫、磷等。常用的有以下几种：

（1）硫酸钙：又称石膏。分生熟两种，生石膏（学名二水硫酸钙，俗名石膏）化学成分为$CaSO_4 \cdot 2H_2O$，白色，粉红色，淡黄色或灰色。纤维状、板状或细粒状固体。性脆，硬度不大，煅烧后变成熟石膏，成分为$2CaSO_4 \cdot H_2O$，也为白色固体。两者均系弱酸性，主要提供钙素与硫素，可调节养料的pH值，不便过高。用量为原料总量的1%～2%。生熟皆可，应粉碎备用。可直接购买建筑用、雕塑用或生产用石膏粉。

（2）碳酸钙：化学成分为$CaCO_3$，弱碱性。除补充钙素外，也可调节培养料的pH值，不便过低，用量一般为总量的1%～2%。若无成品，可取石灰石粉碎备用。一般用熟石灰$[Ca(OH)_2]$较好。

（3）过磷酸钙：又称普钙。灰白色至深灰色，有的带粉红色，粉末状至颗粒状固体。主要是由过磷酸二氢钙$[Ca(H_2PO_4)_2]$和硫酸钙组成的混合物。水溶液呈酸性，可降低培养料的pH值，并提供磷素、钙素，用量一般为总量的1%～2%。通常加足过磷酸钙后，也可不再加石膏、石灰，它可同时具有调节培养料pH值，软化其组织，提供钙素和消毒作用。

（三）几种常用原料的处理

1.稻草的处理

稻草秆有蜡质，需要经软化处理才能被菌丝分解吸收，一般有下列处理方法。水煮法即把新鲜不变质的稻草切成3.33～5.00cm（1～1.5寸）的小段。用pH值为10的石灰水浸泡24h（或用2%石灰水浸泡）。捞出后用清水冲洗几次，使pH值下降至6.5～7时，捞起滴干后即可用，不能长时间放置。

2.麦秆和玉米秆的处理

发酵法将玉米秆和麦秆粉碎成糠，用水润湿后堆积发酵，等料温升到50℃再发酵两天。总发酵时间是3～5d，发酵时最高温度可达60～69℃。发酵好后即可使用。

3.玉米芯的处理

将玉米芯（或玉米棒）击碎，每个玉米芯可碎成4～6块或粉碎成糠，最大颗料如蚕大小，然后在清水中浸泡一夜使之充分吸水，捞起待滴干后即可使用。不能久放。

4.松杉木屑处理

松杉樟等木屑具有挥发性的物质（芳香物质），影响菌丝生长，必须进行处理，一般采用以下方法。

（1）太阳暴晒法：将木屑放在水泥地面上，让太阳暴晒5～6d，晒时要常上下翻动。

（2）蒸汽法：将木屑放入高压锅或土蒸锅内蒸1～2次。若用高压蒸锅，当压力、温度达到要求后持续2h；若用土蒸锅蒸，水沸后蒸8～10h，蒸后晾干水分备用。

（3）石灰水浸泡：用pH值为10或2%石灰水浸泡杉松樟木屑，时间为48h，然后用清水冲洗至pH值为6.5~7，立即使用或晒干备用。

说明：若用杂木屑或棉籽壳做培养料，不经过特殊处理即可使用。只要是将其中的木直、竹秆、渣质等去掉，可防止受潮和发霉。

四、常用培养基配方

（一）基础配方（各类食用菌均适用）

1.基础配方1

木屑78%，米糠或麸皮20%，石膏粉1%，蔗糖1%，水65%~70%；pH值为6.5。

2.基础配方2

木屑93%，米糠或麸皮5%，蔗糖1%，碳酸钙0.4%，尿素0.4%，磷酸二氢钾0.2%，水65%~70%；pH值为6.5。

（二）改良配方（各地采用的配方较多，下面仅介绍三种仅供参考）

1.改良配方1

棉籽壳75%（或木屑75%），玉米芯20%（或麸皮10%、玉米芯10%），蔗糖1%，石膏1%，尿素0.4%，过磷酸钙1%，多菌灵或高锰酸钾0.1%，石灰1%~1.5%，水适量；pH值为6.5（适合种平菇）。

2.改良配方2

玉米芯（或玉米秆）70%，麸皮或米糠20%，玉米粉6%，多菌灵或高锰酸钾0.1%，过磷酸钙1%，蔗糖0.5%，石灰1%，尿素0.4%，石膏1%，水适量；pH值为6.5（适合种平菇）。

3.改良配方3

棉籽壳75%（或木屑75%），稻草20%（或麸皮10%、稻草10%），蔗糖1%，石灰1%，尿素0.4%，多菌灵或高锰酸钾0.1%，过磷酸钙1%，石膏1%~1.5%，水适量；pH值为6.5（适合种凤尾菇）。

五、培养料的配制

（一）混料

按配方的比例称好培养料后，将不溶于水的辅料（过磷酸钙、石膏），麸皮，玉米粉等，趁干时与主料混匀；易溶于水的辅料（如白糖、尿素等）溶于水后，再与其他培养料混匀。关键的问题是水的分量，一般水量是60%～70%。习惯常用的方法是：五指紧握料，伸开手掌成团，手松开自然放下，碰地即散。千万不可出现水滴。各种原料也应不同，各种食用菌需水量不同，加水量也应不同。

（二）装料

装料一般用聚乙烯、聚丙烯、聚丙乙烯等塑料袋。农用聚氯乙烯和其他工业上用的包装不能用，这些薄膜既不耐高温，又有一定毒性，聚乙烯塑料筒可分为高压聚乙烯和低压聚乙烯。前者透明度高于后者，但后者的抗胀强度为前者的2.2倍，能经得起120℃的高温。此外，还有聚丙烯塑料筒，透明度虽高，能经得起150℃高温，但冬季易发脆。常用于高压灭菌。

塑料筒质量好坏关系到菌种污染高低。应选购厚薄均匀，不出现胀袋、无砂眼的塑料筒，栽培宜预先向有信誉的厂家订购，以免一时购买困难。高压聚乙烯塑料袋只能在常压下消毒。低压聚乙烯、聚丙烯和聚丙乙烯塑料可在常压和高温加压下消毒，三种中以耐热聚丙烯最优。

装料时先将塑料袋一端扎紧，从另一端装料，装到约距袋口3cm处，停止装料，加上塑料颈环，并将塑料袋口向内翻卷，形如瓶口状。再包上牛皮纸防止潮湿，结上塑料绳。然后打开另一端袋口，同样套塑料颈环，做成瓶口状，包上牛皮纸和结上塑料绳。也可不用颈套和棉塞而直接折叠袋口封包，形式可以多种多样，但都要有利于防止杂菌污染。装料整个过程操作要轻快，以避免塑料袋磨损穿孔而造成以后的污染。

六、灭菌

菌袋料装好后，若用高压锅灭菌，在0.13MPa（1.4kgf/cm²）的压力下，保持2h。若用土蒸锅灭菌，水沸排气（100℃）后连续煮8～10h，焖一夜，同样达到灭菌的目的。

七、接种与培养

（一）接种

栽培袋凉至30℃以下即可接种。习惯上掌握栽培袋的温度，其方法是：手背皮肤触及栽培袋不明显感觉热，就可接种。在接种箱或接种室内进行，也可在空旷的露天进行。应选用二月菌龄（从接种算起）的优良菌种。接种时先将菌种的瓶（袋）口进行消毒，挖去菌种上面菌皮或菌蕾部分，两人协作，一人解开塑料绳与牛皮纸露袋，另一人快速将菌种挖入袋口内。并包好牛皮纸结好塑料绳，再按同样的方法在另一端接入菌种。接种应不离开酒精灯火焰3.33cm（1寸）的距离。

（二）培养

将接种后的栽培袋置于培养室培养。将温度控制在23～25℃范围内，因前几天料温要升高，3～4d后，温度升至25～27℃。不能过高过低，温度高菌丝生长快，但细脆，质量差；温度过低，菌丝生长慢，杂菌容易生长，若长期处于35℃以上，菌丝即会死亡。培养室的相对湿度，应控制在70％～75％为宜。过湿杂菌易生长，过干也不利于菌丝生长。一般培养25d后菌丝长满菌袋（香菇菌丝30～40d长满菌袋）。

在培养室（场）将已接好菌种的料袋排放架上，或在干净的地板上直接单行堆叠如墙状，但不宜堆得过高，避免压破，一般叠高4～6袋，气温高时少叠，气温低时多叠，顶上盖遮光纸或有色薄膜。堆温应控制在22～25℃，不要多行堆一起，以免通风不良和发热烧菌。培养过程如遇升温过快，立即翻堆；如发现污染的袋，要立即剔除。

八、催蕾和出菇期管理

（一）催蕾

各袋发菌有快有慢，菌丝长满菌袋后3～4d，即可分批挑出长满成熟的搬至栽培房（或栽培场）催蕾。先松动袋口或打开菌袋两端的牛皮纸，让袋口露出，改善通气和散光的刺激，促使袋口的菌丝育出菇蕾。栽培袋长的可以从袋口催蕾；袋短的则先处理袋口出菇，下潮再打开袋底出菇。一般从接种到出菇结束，要经过三个半月至四个月的时间。

（二）出菇期管理

当菇蕾伸长至1cm左右时，要完全打开袋口，袋口过长的要卷袋口缩短距离，以利于通气，并打开门、窗，加强通气同时注意喷水保湿，保持地板常湿不干，空气相对湿度为90％～95％，直到菇朵生长成熟采收。第一潮菇收完后，可以将袋口稍封以利保湿养菌，若子实体单头出菇，则可将袋口全封扎，同时撕开袋底，从袋底部出第二潮菇，如此交叉进行可采收3～5潮菇。

转潮管理的方法是：第一潮菇采收后，立即将料面清理好，除尽残根败料和死菇，收拢袋口，不进行喷水；或将菌袋稍干燥一些后集中起来，盖上大塑料薄膜以便保湿。如果稻草是栽培主料，采完第一潮菇后培养基会变得疏松，则要稍加压实压紧。经过4～5d的保湿养菌后，每天可掀开薄膜通风换气1～2次。若是天气干燥，则需配合适量喷水，当第二潮菇长出以后，可以掀开所有薄膜利于菇蕾发出。转潮过程中，要对出菇室进行空间喷水或地面喷水，保持空气的相对湿度，根据气温高低、天气干燥情况及子实体生长发育情况确定每天喷水的次数，天气干燥多喷，温度高多喷（过高温度中午不喷），菇大多喷，反之少喷。一般每天喷2～3次。

袋栽法有以下几点注意事项：

（1）混料时一定要掌握好水的含量。

（2）装料时不能过松或过紧。

（3）封袋口两端时必须扣好。

（4）绳子要扎紧，不要拴在塑料环上。

九、实训作业

（1）你在装料时，应用什么方法检验水的适合含量？栽培香菇又应用什么方法检验呢？

（2）高压聚乙烯、低压聚乙烯和聚丙烯的熔点一样吗？

（3）刚经过灭菌的栽培袋凉到多少温度才可以接种？

（4）菇蕾出现后，对什么最敏感？

（5）转潮管理的具体方法是什么？

实训指导十一　食用菌液体菌种的制作及质量检验

一、实训目的

在实验室或者食用菌企业中，学生通过对食用菌液体菌种的制备，初步学习并掌握食用菌液体菌种制作的方法，了解进行液体菌种质量检验的原因以及掌握相应的检验方法。

二、实训原理

（一）液体菌种及其优势

食用菌的菌丝，不仅可以在固体培养基上生长，也可以在液体培养基上生长。由于它可以散布在整个液体中，所以菌丝发育比固体培养基迅速得多。液体菌种是指食用菌菌株利用适合的液体培养基，经过深层发酵，培养成菌丝小球，替代传统木屑菌种，可以连续在食用菌工厂化生产上使用。液体菌种的制作需要不断地搅动培养液，以增加培养液中的氧气，并使菌丝形成菌丝球。液体菌种与固体菌种比较，具有以下优点：

（1）液体菌种解决了固体菌种扩大生产中难以同步性发育的问题；

（2）菌种自动化生产和机械化接种水平得到提高；

（3）减少员工数，劳动力和强度大幅度下降；

（4）采用伞状喷雾接种，缩短培养时间，增加库房周转率；

（5）液体菌种纯正活力高。

（二）液体菌种纯度检验的原因

液体菌种的纯度至关重要，无论是食用菌工厂还是食用菌栽培户都存在对液体菌种检测不够重视的情况，只是通过简单的颜色、味道、形态方面等宏观方面进行判断，往往会出现判断失误，错将染菌发酵罐菌种投入生产的情况，建议应该将颜色、味道、形态等方面的宏观指标作为辅助依据，以实验室检测结果为最终判断依据。

1.发酵罐培养后期染菌有可能在宏观上没有表现

发酵罐灭菌、接种和培养前期染菌，在培养后期从颜色、排气味道、形态等方面会表现得很剧烈，通过宏观表现很容易能判断出来。然而，发酵罐全程通气培养，全程都有染菌的可能，在培养的后期（培养的最后两三天）因通气等原因染菌，就无法通过宏观表现判断出染菌，即使经验丰富的技术员也可能无法判断，因为当时杂菌在整个发酵罐中占的比例还不足以影响到颜色、排气味道、形态等宏观指标，这样的液体菌种接种后，即使在培养时没有异常，也会影响最终的产量。

2. 宏观判断液体菌种容易受到人为判断失误的影响

从颜色、排气味道、形态等宏观判断液体菌种完全是以技术员的经验标准的，很难形成书面指标，人为因素为主导很容易出现判断失误，比如受到技术员个人身体及情绪状态等因素的影响。另外，会出现宏观指标模棱两可的情况，为避免失误，往往采取"宁可错杀一千，也不可放过一个"的原则。

3. 有一些细菌感染后不会体现在宏观状态

如果感染的是酵母菌这样的杂菌，对气味、颜色、菌球大小等宏观状态会有很大影响，很容易进行判断。但是，当感染某些细菌时，表现就会很轻微，甚至即使经验丰富的技术员也有可能察觉不到异样，但是这种杂菌接到固体后，三天左右就会表现出来，造成极大损失，这种情况多发生在夏季多雨的季节。

培养结束后，需经过检查液体菌种的质量才能使用。因菌种不同，培养出来的菌种液色泽也不同，平菇、金针菇的培养液呈浅黄色；香菇、猴头菇的培养液呈黄棕色。清澈透明，并有菇香味。木耳的培养液呈青褐色，黏稠，有香甜味。如果培养液混浊，大多是细菌污染的结果，不能作菌种使用，培养液通过目测检查之后，还需经显微镜下检查，取5mL菌液加等量水稀释，倒入培养皿中，在实体显微镜下观察菌丝球的大小、数目，在显微镜下检查有无杂菌污染，合格者才能用于生产。

三、实训材料与用具

高压蒸汽灭菌锅、摇床、三角瓶、烧杯、漏斗、棉塞、牛皮纸、马铃薯、葡萄糖、琼脂斜面母种及无菌箱、接种工具等。

四、实训内容与方法

（一）液体菌种的制备

1. 选用培养基

常用的液体菌种培养基有以下几种：

（1）玉米粉葡萄糖液体培养基：玉米粉1%，豆饼粉2%，葡萄糖3%，磷酸二氢钾0.1%，碳酸钙0.2%，酵母粉0.5%，硫酸镁0.05%，pH值自然，适于多种食用菌的液体培养。

（2）淀粉蔗糖液体培养基：蔗糖1%，可溶性淀粉3%～6%，磷酸二氢钾0.3%，酵母膏0.1%，硫酸镁0.15%，pH值为6。适于香菇、平菇、猴头菇、草菇等多种食用菌，以平菇最为适宜。

（3）马铃薯葡萄糖液体培养基：马铃薯20%，葡萄糖2%，磷酸二氢钾0.1%，硫酸铵0.2%，硫酸镁0.05%，琼脂0.05%，维生素$B_1$10mg/L，pH值自然。适于培养香菇。

（4）玉米粉酵母膏液体培养基：玉米粉4%，水解鱼粉2%，酵母膏0.1%，磷酸二氢钾0.15%，硫酸镁0.05%，pH值自然。适于培养金针菇、猴头菇。

2.培养基配制方法

培养液配制同母种培养基的配例，配制好以后，装入500mL的三角瓶中，每瓶的装入量为100mL，并加入10～15粒小玻璃珠，加棉塞后，再用牛皮纸包扎，然后进行高压灭菌。

3.消毒灭菌

同母种（一级种）培养基的灭菌，0.1MPa（1kgf/cm^2），灭菌30min。

4.接种方法

取出冷却到30℃以下的液体培养基，在无菌箱内进行无菌操作，接入一块约2cm^{2}的斜面菌种，于23～25℃下静置培养48h。

5.摇床培养

将培养48h后的菌液置于摇床上振荡培养。往复式摇床，振荡频率80～100次/min，振幅6～10cm；旋转式摇床，振荡频率200～220r/min。摇床室温控制在24～25℃。培养时间因菌类不同而异，一般在7d左右。

（二）液体菌种纯度检验

培养结束的总体标准是：培养液清澈透明，液中悬浮着大量小菌丝球，并伴有各种菇类特有的香味。发酵罐在一定的温度环境下进行培养，每间隔2d，严格按照无菌操作进行取样镜检，判断发酵罐的质量，是否继续还是终止培养。具体来说包括以下几个方面：

1.显微镜观察

发酵过程中定时取样，在光学显微镜下观察菌丝体的生长状态，若发现菌丝体异常生长，则需经平板培养和显微镜检查确定有无杂菌。

2.感官分析

成熟的液态菌种具有菇类的特有香味，其发酵液较为澄清透明，若有杂菌（通常为细菌）污染的呈现混浊且具有异味（如酸、臭等）。此外，菌液在使用前不分层（菌球不下沉）、不产气。

3.生物质量检查

根据菌丝量及菌丝球大小判定液态菌种的质量。具体指标参考如下：

（1）菌球大小要求：80%以上的菌丝球直径必须小于1mm。

（2）菌丝量要求：经3000r离心10min，菌泥达20～25g/mL以上。

（3）菌球数（片）要求：最佳量在700～800个/mL。

（4）菌龄要求：必须处在增殖生长期，镜检菌丝着色深，锁状联合清晰，泡囊较少，内含物多。此时期的菌丝生命力旺盛，活力高，否则菌种活力差。

五、实训作业

（1）简述液体菌种的制作方法。

（2）试述标准的液体菌种的特点。

实训指导十二 食用菌主要病虫害的识别与防治

一、实训目的

在病虫害危害症状宏观观察的基础上，通过微观镜检观察，进一步确认主要病虫害的种类，在此基础上能设计正确的防治方法。

二、实训材料与用具

1.材料用品

被污染的各级菌种、主要食用菌病害、害虫标本、各种细菌的标本片、各种污染器菌的标本片、培养料、吸水纸、火柴、无菌水、乳酚油（浮载剂）、革兰氏染色液、香柏油等。

2.仪器用具

显微镜、放大镜、解剖镜、接种针、尖头镊子、载玻片、盖玻片、擦镜纸、酒精灯、广口瓶、捕虫网、毒瓶等。

三、实训内容与方法

（一）竞争性杂菌侵染症状的识别

1.细菌污染

（1）细菌污染培养基的菌落特征：细菌污染菌种、菌袋、菌床培养料的特征。

（2）细菌形态观察：取一洁净载玻片，于中央滴一滴生理盐水或无菌水，无菌操作用接种环挑取一环细菌菌落于无菌水中，混合均匀，载玻片自然干燥后需通过火焰2~3次进行固定，用适宜染色剂染色1min，水洗，用吸水纸吸干后，置于显微镜下，通过油镜头观察细菌形态特征。对比观察各种细菌的示范标本片。

2.真菌污染

（1）真菌污染培养基的特征：青霉、绿色木霉、黄曲霉、黑曲霉、根霉、链孢霉等。

（2）真菌形态观察：取一洁净载玻片，无菌操作用接种针挑取霉菌菌丝体少许，制作水浸片。用高倍镜观察霉菌的形态特征。对比观察各种污染霉菌的示范标本片。

（二）食用菌子实体主要病害的识别

1. 真菌性病害

平菇木霉病、蘑菇或草菇褐腐病、蘑菇褐斑病、金针菇软腐病等子实体的危害特征（病症及病状的观察）。

2. 病毒性病害

平菇、香菇、蘑菇、病毒病的病状观察。

3. 细菌性病害

平菇细菌性钦腐病、蘑菇细菌性褐斑病、金针菇锈斑病等子实体的危害特征（病症及病状的观察）。

4. 生理性病害

死菇（子实体萎缩、变黄）、畸形子实体、蘑菇硬开伞、农药敌敌畏中毒等子实体病害特征观察。

（三）食用菌主要虫害的识别

1. 目检

外观用肉眼和放大镜观察菇蚊、菇蝇、螨虫、线虫等害虫的危害症状。

2. 镜检

（1）昆虫类：用体视显微镜观察跳虫、菇蚊、菇蝇、地下害虫等幼虫、蛹、成虫的形态特征。仔细观察害虫的大小、体段、体色、触角、口器、翅类型等。

（2）螨类：用体视显微镜观察蒲螨、粉螨的形态特征。注意观察螨的大小、体色、体段、触角、口器、有无翅等。

四、实训作业

（1）绘制青霉、根霉、曲霉、木霉等的菌丝形态图（有分生孢子梗和分生孢子的绘图）。

（2）区别食用菌真菌病害和细菌病害的病状。

（3）食用菌被细菌污染和真菌污染的主要特征有什么不同？

第二章　工厂化生产与管理实训

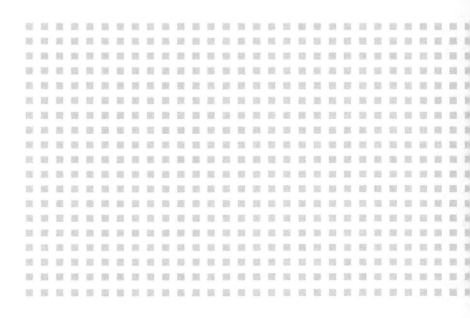

实训指导一　食用菌生产企业参观

一、实训目的

通过参观和听取介绍，加深对食用菌工厂（企业）组织体系及各部门工作责任制的理解，了解该企业主要食用菌生产和经营状况。

二、实训场所

校内蕈菌工程中心、市内创新创业园区企业或学校附近经营管理较好的食用菌工厂（企业）。

三、实训内容

（一）听取介绍

请公司或部门负责人介绍企业的建制、管理机构及生产经营情况，介绍食用菌工厂（企业）的发展思路和管理的成功经验与体会。

（二）参观

在公司或企业管理人员的带领下，组织学生集中（或分组）参观检验室、仓库、食用菌车间以及销售服务部门，注意观察环境条件、常用工具、仪器设备和管理制度标牌等。

（三）访谈

学生组织访谈人事干部和销售服务、菌种检验、食用菌生产、原料测试、科技研发等技术或管理人员，着重围绕规章制度、岗位职责、企业文化、经营管理理念等几个方面调查访问。

四、实训作业

根据参观、访谈的情况，结合自己在学校所学知识的理解和感悟，写出实习小结。要求在总结该食用菌工厂（企业）成功经验的基础上，对存在的主要问题提出意见或建议。

实训指导二　食用菌工厂化生产设备认知

一、实训目的

通过参观农学专业实验室、蕈菌栽培工程中心或走访附近食用菌工厂企业，了解食用菌工厂化生产各环节中所需要的仪器设备。

二、实训场所

农学专业实验室、蕈菌栽培工程中心或本市与食用菌生产相关的工厂企业。

三、实训内容

（一）菇木粉碎机

菇木粉碎机（图2-1）可把不同直径的树枝、树干、原木、加工成细度不同的食用菌原料，该机是种植蘑菇、香菇、木耳、平菇的必备设备，同时也可用于园林绿化、果园修剪、生物质颗粒、木炭、木粉、造纸等行业优选设备。食用菌粉碎机具有投资少、耗能低、占地面积小等特点，一般该机由切削装置和粉碎装置组成，刀盘安装刀片分别有4片刀、6片刀、8片刀、12片刀等，粉碎锤片的数量根据设备型号的大小而变化，原料经过刀片切削后进到粉碎腔通过锤片进行粉碎，根据不同用途可以通过更换不同孔径的筛网来决定成品的细度，可以做成锯末状、颗粒状、小片状等，成品1~20mm可自由选择，设备进料口径根据机型的大小而设计，10~55cm都可以一次粉碎成理想的成品，出料方式可以下出料到输送机，由输送机输送到合适的位置，也可以通过风机出料直接吹到地面。

图2-1　菇木粉碎机

（二）自动搅拌机

自动搅拌机（图2-2）一般采用弧槽式料箱，双承座结构，将原辅料放入本机内，进行淋雾式喷水、搅拌，搅拌均匀。有安全锁装锁装置，自动翻斗卸料，轻松简便，使用时只需将各类原辅料放入为箱内，打开水管进行自己洒水，且边洒水边搅拌，工作效率高，出料时踩下脚踏板反转，料斗翻扣安全锁自动锁定，开启开关一秒即出净。踏下脚踏板接上料斗锁定即可上料、搅拌。

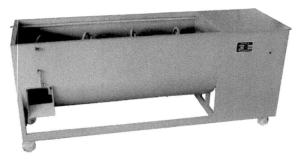

图2-2　自动搅拌机

（三）自动装袋机

食用菌自动装袋机（图2-3）是用于食用菌菌料装袋的设备，有多种型号规格，自动化程度高，操作简单，把装袋作业中最繁重的装料、压料工序用机械代替，可以满足食用菌袋料生产时木屑装袋的技术要求。而且装袋质量，精度要求都很理想。自动装袋机主要由机架、装料转盘机构、捣杆机构、推盘机构、抱袋机构、定位机构、阻尼机构、搅拌机构及若干辅助机构组成。

注意事项：

（1）定期往摩擦位置加润滑油，保证机械性能及寿命；

图2-3　自动装袋机

（2）机械使用后，应拆卸后放置，并将机械内的菌末清洗干净，以免影响以后的使用和生产。

（四）自动装瓶机

自动装瓶机（图2-4）一般为全自动双工位，由推筐机、装瓶机、打孔机、压盖机组成，采用电气自动化（PLC）电脑控制，自动完成推筐、装瓶、压实、打孔、压盖，整个工艺流程自动化。不同颗粒性和潮湿度的培养基，能实现装瓶质量上的均匀性。多种程序可选，电气控制上选用电气自动化（PLC）控制系统，并且采用了人性化的可编程终端（PT）显示，具有操作简单、能适时显示状态等优点。

图2-4　双工位自动装瓶机

（五）蘑菇灭菌器

蘑菇灭菌器（图2-5）的技术路线为：

（1）将蒸汽通入灭菌器室内，加热被灭菌物；

（2）通过真空泵抽取灭菌器室内空气，使其达到规定的真空度；

（3）反复（1）、（2）的过程，达到设定的次数；

（4）将蒸汽通入灭菌器室内，加热被灭菌物，在设定的灭菌温度下保持设定的灭菌压力及设定的灭菌时间，达到灭菌的目的；

（5）排放出灭菌室内蒸汽；

（6）通过真空泵抽真空和回流空气，对被灭菌物进行干燥；

（7）反复（5）、（6）的过程，达到设定的次数。该工艺极大地缩短了灭菌的时间，使被灭菌物品的加热更加均匀，彻底灭菌，灭菌物品的损耗低，合理的控制方法使系统获很高的稳定性，自动传感器故障报警使系统维护更加轻松。

图2-5　蘑菇灭菌器

（六）液体菌种接种机

液体菌种接种机（图2-6）一般是采用电气自动化（PLC）电脑控制，自动完成开盖子、接种、压盖子等动作。接种准确、定量、均匀。具有操作简单、智能控制、智能故障报警、自动复位特点。由于在液体菌种的接种过程中，每个动作之间的时间间隔很短，因而该液体菌种接种装置可实现快速安全液体菌种接种生产。能够满足大批量的液体菌种接种生产的需要，易于实行自动化控制。能满足国内市场生产各种食用菌的需要。

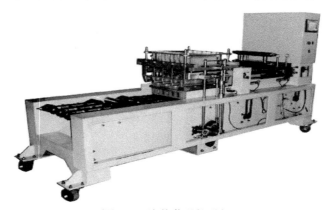

图2-6　液体菌种接种机

（七）固体菌种接种机

自动接种生产线由输送机、接种机、输出辊道及振动机组成。固体菌种接种机（图2-7）主体由压盖气缸、启盖机构、种菌漏斗、菌种瓶稳压旋转机构、挖菌刀进退刀旋转机构、容器限位机构、链条输送机构、种菌漏斗封门机构、接菌漏斗、机架、气动系统机构、电气自动化（PLC）控制箱等组成。

图2-7　固体菌种接种机

（八）自动搔菌机

自动搔菌机（图2-8）是一种食用菌瓶式栽培中菌瓶的自动搔菌机械，是用菌瓶培养食用菌的一种自动化生产装置。一般采用电气自动化（PLC）电脑控制的全自动搔菌流水线，它依次设有去盖清洁装置、搔菌装置、加水装置。生产流程为：先由去盖清洁机去除并清洁瓶盖，然后在搔菌机上翻转搔菌，并自动补水，最后由输出通道将菌筐输出。

该设备一般采用机械方式对菌瓶进行自动去盖、刷盖、搔菌、加水作业，把16个菌瓶作为一组，装入4×4的塑料筐中，将装有菌瓶的塑料筐作为操作对象，能够高效保质的按照设定的要求自动完成去盖、刷盖、搔菌、加水作业，不仅可以大幅度地提高食用菌的品质。整个工序一气呵成，连贯通畅，搔菌时间短，生产效率高，搔菌彻底，通过调整刀头高度，使各个菌瓶的搔菌深度一致性好，出菇品质好。对于不同的培养基，在软件控制上实现刷盖时间、搔菌时间和加水时间的自由调整，以满足不同的搔菌效果和加水量要求，而且生产效率高，劳动强度低，使食用菌大规模集约化栽培成为可能。

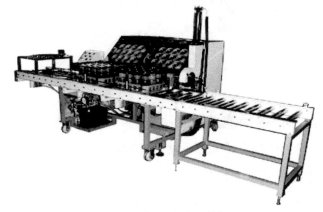

图2-8　侧翻自动搔菌机

（九）自动挖瓶机

自动挖瓶机（图2-9）是利用机械传动控制，一般由机架体、升降刀架、翻转筐架、定瓶架、电器系统组成，具有节省人力，劳动强度低，工作效率高，挖瓶质量好等特点。它一般能自动实现压瓶、翻转、定位、压紧、挖刀上升、挖刀下降、翻转松瓶等工序要求的动作，可一次清除16瓶菌瓶内的培养基。在挖瓶工艺流程上很多设备采用整瓶分段往

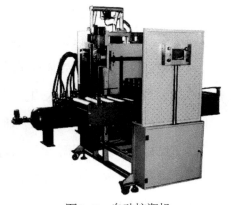

图2-9　自动挖瓶机

复式的工艺流程方案，对不同的菌料瓶都能保证清除得彻底干净。在操作方式上一般采用自动和按键两种控制方式，挖瓶时间、次数可以设定和选择，增强了产品使用的灵活性。

（十）自动搬筐机

自动搬筐机（图2-10）是食用菌工厂化栽培的专用设备，一般将搬筐机与输送线相连接，可将瓶筐自动码放到灭菌器内车或托盘上。该机具有效率高、码放整齐、轻拿轻放等特点，可大大降低工人的劳动强度。该设备一般可与装瓶机、接种机、搔菌机等设备配套使用。

图2-10　自动搬筐机

（十一）食用菌工厂多功能抑制机

食用菌工厂多功能抑制机主要通过电动机齿轮箱在轨道的行走，带动连杆上的风机、风管及LED灯带的照明灯光在生育室内自由行走，通过吹出的风来搅动以及灯光来回照射，使食用菌生育环境的温湿度、二氧化碳及光照均匀分布，达到食用菌均匀地生长、菇型外观更加美观、出菇的时间一致的目的，从而提高食用菌的整体质量。

食用菌工厂多功能抑制剂一般具有以下性能特点：

（1）采用进口电动机驱动，齿轮机械传动机构，提高设备运行稳定性；

（2）电动机齿轮箱、导风罩采用塑胶模具成型，保证产品的一致性、互换性；提高设备外观的美观性的同时，解决因使用环境对设备腐蚀而带来影响设备使用寿命的影响；

（3）风机安装支架采用镀锌方通或不锈钢方管；

（4）电器线路采用特制线索，提高使用安全性；

（5）电动机齿轮箱的行走速度一般为1~1.2m/min；

（6）风机采用斜流风机，风量大；也可加装导风罩，增大风速；

（7）灯光采用纯白光LED灯带，灯光热度低、光源亮度高、光波长，避免白炽灯光线对菌类的伤害；有益于菌类的生长。

四、实训作业

（1）撰写一篇对食用菌工厂化生产模式大体印象与感受的报告。

（2）整理总结食用菌工厂相关设备名称、类型及作用。

实训指导三　食用菌工厂化生产车间与布局认知

一、实训目的

通过参观蕈菌栽培工程中心、食用菌工厂以及对现有食用菌工厂图纸进行布局观察与讨论，了解食用菌工厂基本功能车间的构成，掌握食用菌工厂设计的基本原则，了解多种因素对食用菌工厂布局的影响。

二、实训计划

本项实训活动环节可与参观蕈菌栽培工程中心或食用菌工厂生产企业等活动同步开展。具体可将学生分成若干学习小组，教师或企业技术人员为学生准备A1大小的食用菌工厂平面图若干张。学生应结合教师预先准备的问题，在对食用菌工厂进行参观与考察过程中，对工厂生产场地的整体布局进行观察、思考、讨论，最后按小组汇总学习报告或直接说明。

三、实训内容

（一）食用菌工厂生产车间的认知

1.辅助生产车间

（1）原料储藏车间：原料储藏场所主要是用于棉籽壳、玉米芯、木屑、甘蔗渣、麸皮、米糠、玉米粉、轻质碳酸钙等栽培原料的存放。一般原料应放于遮风避雨的厂棚下，用单层彩钢板建造的大型工棚即可，与拌料室邻近，但应远离火源。

（2）拌料、装袋（装瓶）车间：拌料、装袋（装瓶）室面积的大小取决于日产量以及生产线的长短，还应考虑动力电源和用水方便。我国南方的拌料室条件可简单点，北方的拌料室还必须考虑寒冷冬季的采暖问题。根据日产量配备相应的拌料机、装袋机（装瓶机）、周转筐、周转车等机械设备、工具，以便于半机械化操作，降低劳动强度。当企业生产规模较大，经济条件好时还可配备自动生产线，这样可大大提高工作效率，降低成本。小规模工厂化一般多采用手工装袋，在劳动力紧张时，才采用冲压转盘式装袋机，手工装袋破袋率低，机械装袋效率高，但寒冷季节破袋率高。

（3）灭菌车间：灭菌室可配备大型高压灭菌仓或常压灭菌仓。蒸汽来源于 0.3～0.5t 的新型环保蒸汽锅炉，为了节能，最好采用静压式锅炉，这样可不配备锅炉上的鼓风机。灭菌仓购买现成的价格昂贵，运输不便，一般可请专业人员按日灭菌量自行设计。有条件的企业也可采用脉动式真空高压蒸汽灭菌设备。

（4）冷却车间：冷却室用于灭菌后菌袋（瓶）的冷却，一般多采用自然冷却或风扇对流冷却，有条件的企业可采用制冷机强制冷却，并在冷却室安装空气净化器，对冷却室中的空气反复循环进行空气净化，达到冷却和减少杂菌污染的目的。此外，冷却室还应与接种室邻近。

（5）接种车间：接种室是食用菌工厂化无菌要求最高的场所，一般来说维持接种操作环境净化级别应达到千级，其面积取决于日产量的大小。接种室应保持洁净，常装有紫外线灯。接种时，中小规模工厂化生产多采用接种箱人工接种，也采用连续接种生产线，大型工厂化采用液体菌种，自动接种机接种。投资规模达到一定程度的公司也可采用进口接种设备和层流空气过滤净化技术。

（6）菌种培养室和保藏室：菌种培养室主要用于原种和栽培种的大量培养，一般根据生产规模确定培养间数，每间不宜过大，方便消毒杀菌。室内需保持清洁干净，黑暗、恒温、恒湿，通风性好。同时还应配备恒温培养箱，用于母种的培养。菌种保藏室主要用于发满菌后原种或栽培种的临时保藏，采用制冷机控温，温度一般控制在 2～4℃。菌种保藏室的大小应根据生产需求而定。

（7）产品的包装及冷藏车间：产品包装室主要用于鲜菇采收后的处理和分级包装，应建在离出菇车间较近的地方，要求清洁干净，避免阳光直射。最好在低温条件下进行分级包装，这样不仅符合食品加工的卫生要求，而且使保鲜期延长。室内应配备相应的不锈钢分级工具、包装操作台、多功能包装机（根据市场要求可抽真空，充氮气）、包装箱等。

2. 主体栽培生产车间

（1）发菌车间：发菌车间主要是通过现代工业手段调控温湿度，为食用菌菌丝的生长提供良好空间的场所。发菌车间的设计时应充分考虑日生产量，以日生产量确定培养室的面积大小，根据培养室的遮光、通风等情况合理安排层架个数和层数，层架间距、层底离地面高度、层架离墙面宽度、走道宽度等。培养室应该设置独立的制冷、制热、排气、光照等自动控制系统。

（2）出菇车间：出菇车间是库房管理的基本设施，而出菇管理的好坏直接影响食用菌工厂化栽培的效益大小。例如，金针菇是低温型恒温结实性菌类，在进行出菇房设计时，应充分考虑子实体发育不同时期对温度、光照、二氧化碳的要求，把出菇车间再细分为催蕾车间、抑制车间、育菇车间等，方便不同阶段的环境条件控制。

（二）食用菌工厂布局认知

食用菌工厂生产场地的布局是否合理，关系到生产效率及优质成品率的高低，直接影响食用菌生产经营的盈亏。

食用菌工厂生产场地的布局有一些应注意的共同原则，如地形、方位、季风向、生产规模、工艺流程、走向等，都应作统筹安排，防止交错布局，引起生产混乱。

食用菌工厂应包括制种、栽培、经营管理及仓库四大部分。西北角为原材料堆放场和晒场，也是培养瓶的堆放场地。西南角为原料仓库、车库等，对角线开设两道进出料门。库房与配料、分装车间为种瓶堆放场所。从配料、分装车间到灭菌间再相继到冷却间、缓冲间、接种室，应成为一条龙的走向。

一个有一定规模的食用菌工厂生产场，无论一个季节或全年生产多少种食用菌都需设多间培养室，以便适应多场及二场制栽培。除此以外，食堂、卫生间、浴室、锅炉间和煤堆放场，均应设在场的东北角位置。栽培场地应远离制种区。为了净化场地的空气，还必须搞好绿化，设立栽培废料的灰化、沤制或再利用处理场区。总之，要按照企业自身实际情况，投资与产销量，因地制宜地规划成一字或L字形布局（图2-11）。

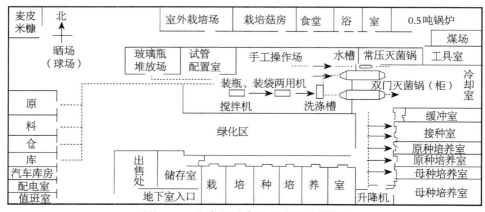

图2-11　生产场地布局示意图（黄毅）

四、实训作业

（1）食用菌工厂布局的原则是什么？

（2）想一想哪些因素会影响食用菌工厂的设计与布局？

实训指导四　食用菌工厂二级种、三级种生产管理

一、实训目的

通过参与覃菌栽培工程中心、食用菌工厂的菌种生产管理，了解食用菌工厂二级种、三级种的管理规范、要求及岗位职责。

二、实训场所

覃菌栽培工程中心或与食用菌生产相关的工厂企业。

三、实训内容

在食用菌工厂中菌种的生产需要进行严格的登记和生产管理，每一批次的二级种、三级种记录表应详细记录该批次培养基的配方、袋或瓶的规格、装袋或瓶数量、灭菌条件、制作日期、记录人、检查人等信息，且对每一批次的二级种、三级种生长情况也需要进行详细的记录，包括：菌种名称、培养设备及温度、检测数量、长满时间、长势、生长速度、检查时间、记录人、检查人等，二级种、三级种生产管理表如下。学生可根据食用菌工厂菌种生产车间的生产场景和管理模式，结合之前在学习的培养基及菌种生产技术，在企业技术人员的指导下，参与进行是食用菌工厂企业的二级种、三级种生产与管理实训活动，并将相应的生产数据记录于二级种（原种）、三级种（栽培种）生产管理表格（表2-1、表2-2）。

表2-1　二级种、三级种培养基制作记录表

配方	袋或瓶规格		装袋或瓶数量		灭菌条件		制作日期	记录人	检查人
	袋规格	瓶规格	装袋数量（袋）	装瓶数量（个）	时间（min）	温度（℃）			

表2-2 二级种、三级种培养记录表

菌种名称	培养设备及温度（℃）	检测数量（瓶或袋）	长满时间（d）	长势	生长速度（cm/d）	检查时间	记录人	检查人

四、实训作业

（1）二级种、三级种生产管理中应该注意哪些问题？

（2）菌种生产与管理岗位的工作职责有哪些？

实训指导五　食用菌工厂化生产技术多媒体教学

多媒体教学是指在教学过程中根据教学目标和教学对象的特点，合理选择和运用现代教学媒体，并与传统教学手段有机组合，共同参与教学全过程，以多种媒体信息作用于学生，形成合理的教学过程，以达到最佳的教学效果。多媒体技术利用现代化视听手段，以图文并茂、声像搭配、动静结合的表现形式，更加全面地展示教学内容，把抽象的概念更形象、更直观地展示给学生，形成立体感。

一、实训目的

在食用菌工厂化生产的教学设计中添加文字、声音、图像、视频等材料。让学生通过视觉和听觉，在最短的时间内直观地学习更多知识。其不仅可以有效地调动学生的学习积极性，而且可有效地提高教学质量和教学效率。在互联网上下载相关素材，制作教学课件；通过多媒体教学，增强了图片和文字，提高了学生的注意力，增强了学生对课堂学习的兴趣及教学效果。

二、实训准备

在实训课程准备阶段，教师和学生可以共同搜集有关食用菌工厂的生产技术、工艺流程、生产装备、企业管理、市场拓展、创新创业案例、产品质量等专题资料片等。将搜集的资料进行归类，教师以课堂主干教学内容为纲要，利用多媒体技术将相关资料融入课堂教学。学生可以通过分组进行专题学习将相关资料作为小组专题学习的论述材料，以课件的形式展示出来。

三、实训内容

1.多媒体技术在教学中的应用

教师利用多媒体教学详细介绍当前食用菌工厂化生产的基本原理和方法，使学生系统掌握食用菌工厂化生产的基本理论与知识，初步了解现代食用菌企业的经营与管理现状，了解食用菌工厂化生产的基本技术过程，了解当前不同品种食用菌工厂化栽培的技术路线以及生产过程中管理的特色与区别，为进一步学习运用工厂化模式栽培食用菌奠定基础。利用多媒体教学可详细介绍当前食用菌工厂的菌种研发、生产、设备开发、经营管理等全程图片、视频等，使学生更加直观地了解食用菌企业。多媒体技术教学能够有效弥补教材内容的滞后现象，可以强化重点知识，加速学生的感知过程，加深理解难点知识，增强记忆力和提高应用能力的作用。

2.教学考核与评价

在观看食用菌工厂化生产技术资料片的过程中，教师可以利用现在比较流行的学习平台或APP（学习通、智慧树、雨课堂）等功能软件，随时发起有提出针对性的，如对有关食用菌工厂化生产过程中的技术、管理、生产标准、新技术的应用、病虫害防治等领域的问题。学生一方面积极参与到课堂活动中，认真观看多媒体资料，做好学习记录等，另一方面也可以针对教师提出的问题以学习小组的形式进行讨论，形成具有一定独立观点的学习报告。利用多媒体技术，以线上线下混合式教学平台，教师可以提升学生的课堂参与度，及时掌握学生的学习状态，并给出相应的过程考核与评价结果。

3.多媒体教学注意事项

学生课堂学习过程中，信息过量、展示速度过快以及太多的感官刺激等反而会影响学生对知识的获得，达不到预期的教学效果，因此，教师只有将多媒体技术与教学内容有机地结合，才能达到最佳效果，应尽可能避免或消除它的消极作用。

四、实训作业

阐述所观看资料片中的食用菌工厂化生产及关键技术。

第三章　栽培技能实训

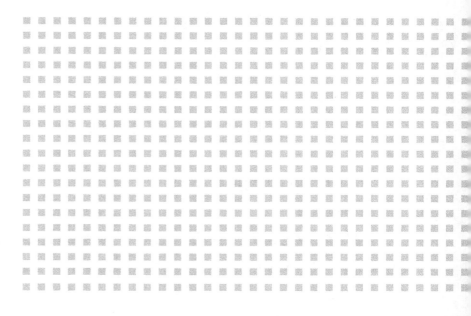

实训指导一　平菇的栽培

平菇（*Pleurotus ostreatus*）俗称蚝菇、冻菌、北风菌。在真菌分类中，平菇隶属于真菌门、担子菌亚门、伞菌目、侧耳科、侧耳属。平菇是侧耳属食用菌的俗称，栽培量最大的种是糙皮侧耳。平菇栽培方法简单，适应性广，抗杂菌能力强，并具有出菇快、耐低温、产量高等特点。平菇栽培原料来源广泛，锯木屑、棉籽壳、秸秆等农副产品的下脚料都可作为栽培材料。

平菇在全国各地栽培非常广泛，栽培方式多种多样，但基本方法相似，常见的栽培方式有室内床栽、袋栽、菌砖栽培、田间塑料大棚栽培、阳畦栽培等。有些菇农常利用通风良好的地窖、人防地道作为出菇场所，还有些菇农将平菇与蔬菜、水稻套作，无论哪种栽培方式，它们在栽培料的配比、拌料、播种、发菌条件以及在出菇管理等方面都是基本相同的。

在平菇的生料栽培中，常加入少量多菌灵抑制杂菌。多菌灵是一种广谱抗真菌药剂，但在一定浓度范围内对平菇菌丝的生长没有抑制作用。培养料中多菌灵不能多加，以防农药残留超标。有些单位采用发酵料常压灭菌（95~100℃，3~5h）后袋栽平菇，不添加多菌灵，效果也很好。

一、实训目的

通过平菇棉籽壳袋栽的实验，使学生掌握平菇的栽培方法和关键技术。

二、实训材料与用具

1.材料用品

栽培种、聚乙烯薄膜（长40~50cm、宽25~30cm）、新鲜无霉变的棉籽壳、生石灰、石膏、塑料筒、来苏尔、高锰酸钾、25%的多菌灵、75%的消毒酒精等。

2.仪器用具

水桶、铁锹、塑料绳、剪刀、脱脂棉球、火柴等。

三、实训内容与方法

（一）培养料配方

栽培平菇培养料配方有很多种，目前常用的培养料配方有以下几种。

1.棉籽壳培养料配方

（1）棉籽壳97%，石膏1%，石灰1%，过磷酸钙1%。

（2）棉籽壳87%，米糠或麸皮10%，石膏1%，石灰1%，过磷酸钙1%。

（3）棉籽壳96.5%，石膏1%，过磷酸钙1%，石灰1%，尿素0.5%。

（4）棉籽壳97.75%，石膏1%，石灰1%，氮、磷、钾复合肥0.25%。

2.秸秆培养料的配方

（1）稻草93.85%，石膏1%，玉米粉5%，尿素0.15%。

（2）稻草55%，棉籽壳42%，石膏1%，石灰1%，过磷酸钙1%。

（3）稻草87%，麸皮10%，棉籽饼或花生饼、豆饼粉2%，石膏0.5%，石灰0.5%。

（4）麦秸96.5%，石膏1%，过磷酸钙1%，石灰1%，尿素0.5%。

3.其他培养料的配方

（1）木屑7%，麦麸或米糠20%，糖1%，石膏粉1%，石灰1%。

（2）玉米芯77%，棉籽壳20%，糖1%，石膏粉1%，石灰1%。

（3）玉米秸88%，麦麸10%，石膏粉1%，石灰1%。

（4）玉米渣78%，棉籽壳20%，石膏粉1%，石灰1%。

（5）粉碎的花生壳77%，麦麸20%，糖1%，石膏粉1%，石灰1%。

以配方棉籽壳99%，石膏1%，多菌灵0.1%～0.2%，含水量60%～62%，为例进行栽培实训。

（二）拌料

事先将水泥地面或桌面消毒作为拌料场地。拌料时，按实际用量称量棉籽壳，多菌灵和石膏称好后用水溶解，分次加入棉籽壳内，边加水边拌料，直至混拌均匀，达到所需含水量。

（三）含水量测定

测定方法与实训指导十食用菌袋栽法培养料水分测定法相同。

（四）装袋与接种

采用长40～50cm、宽25～30cm的聚乙烯塑料薄膜袋。用透气塞将一端封口，然后开始装袋。栽培种掰成黄豆粒大小，先装一层菌种，再装一层栽培料（厚约5cm），边装边压实后，再接入一层菌种。重复此过程，直至装到菌袋的2/3，最后一层应为菌种。菌袋开口端用透气塞扎紧，菌袋扎孔以利通气。也可采用菌袋两端和中间分别接种的方式进行。栽培种的接种量常为栽培料的15%～20%。

（五）培养

接种完毕后，将菌袋放入事先消毒的培养室中，置于培养架上避光培养。菌袋量大需要码垛时，注意堆垛不要过高。培养室要保证清洁卫生、通风良好。为了降低杂菌污染，一般在15℃左右的条件下培养。在养菌过程中，为了让菌袋各部分发菌一致，要定期进行倒袋或倒跺处理，发现污染菌袋立即挑出。菌种培养30～40d可长满袋。

（六）出菇管理

发菌结束后要立即进行出菇。出菇室地面以水泥地面或砖面为好，室内要求卫生清洁、透光、通风良好，有一定的保温、保湿性能。

1. 原基形成期

变温刺激和光线利于原基分化，此时菇房温度以10～15℃为宜，并要有适当散射光照射。培养3～7d后，菌袋两端的菌丝便开始扭结形成米粒状的原基。当发现出现原基时，拔掉菌袋两端透气塞，利于通风换气。原基形成期要保持室内空气相对湿度80%～85%，应定期向出菇室内空间喷雾状水保持湿度要求。

2. 菇蕾形成期

适宜的环境条件下，原基快速生长，当形成黄豆粒大小的菇蕾时，将菌袋两端多余的袋边卷起，露出两端的培养料和菇蕾。菇蕾形成后，要有适当的光照，出菇室温度应稳定。空气相对湿度保持在80%～85%，温度15～16℃，适当进行通风换气，有利于菇蕾的生长发育。若通风不良缺氧，菇蕾的生长发育会受到一定影响。注意一般在喷水后进行通风，以免菇蕾因通风而失水干缩，甚至死亡。

3. 子实体生长期

适宜的环境条件下，菇蕾迅速长大。对水分和氧气的需求量也随之增大。此时期应提高出菇室的相对湿度，加强通风换气。为了增加出菇室内O_2的浓度，降低的CO_2含量，需要增加通风换气次数和延长通风时间。子实体生长期出菇室的空气相对湿度应维持在85%～90%。可通过喷雾状水来维持，注意湿度也不宜过大。应根据出菇室的相对湿度大小和天气状况确定喷水的次数和时间。一般遵循勤喷少喷的原则，每天喷水2或3次，每次喷水后通风30min左右，并增加光照。总之，要协调好出菇室的温度、湿度和通风间的关系，确保子实体正常生长。

（七）采收

子实体长到成熟标准后要及时采收。一般根据商品的需求制定相应标准。若平菇用于盐渍，则菌盖长至3~5cm时即可采收；鲜销平菇菌盖可适当大些再采收。采完第一潮菇后，需将残留的死菇、碎菇、菌柄清理干净，2~3d后再喷水，利于出菇后的菌丝养分积累，促使第二潮原基形成，一般一个生产周期可采收三潮菇。

四、实训作业

（1）简述袋栽平菇工艺流程的栽培要点和关键技术。

（2）栽培平菇的方法有哪些？试分析各种方法的优缺点。

实训指导二　香菇的栽培

香菇 [*Lentinus edodes*（*Berk.*）*Pegler.*] 又名香蕈、香菌，属真菌门、担子菌亚门、层菌纲、伞菌目、口蘑科、香菇属。香菇所含的香菇多糖具有显著的抗肿瘤活性。

香菇起源于我国，在我国的栽培量仅次于平菇而位居第二位。目前国内外香菇的栽培方法可分为两大类，即段木栽培和木屑代料栽培。段木栽培香菇因消耗大量木材而不利于环保，但段木栽培的香菇，品质好，商品价值高。木屑代料栽培法生产周期短，产量高。代料栽培在我国香菇生产中所占比例很大，也是今后香菇生产的主要发展方向。

一、实训目的

通过实践训练，使学生掌握代料栽培香菇的方法和工艺流程。

二、实训材料与用具

1.材料用品

聚丙烯塑料袋筒（15cm×50cm）、木屑、玉米粉或黄豆粉、麦麸或米糠、尿素或硫酸铵、蔗糖、过磷酸钙、石膏、75%的酒精消毒瓶、高锰酸钾、75%的酒精消毒棉球等。

2.仪器用具

高压灭菌锅或常压灭菌锅、香菇栽培种、接种工具、水桶、水盆、打孔器、磅秤、酒精灯、镊子、胶布、铁锹等工具。

三、实训内容与方法

香菇代料栽培法工艺流程如下：

配料→拌料→装袋→灭菌→接种→培养→检查生长情况→揭胶布一移入出菇室或阴棚内→脱袋排场→转色→催蕾→出菇管理→采收

（一）原料的选择

香菇栽培以硬质木树种加工的木屑更有利于提高其质量，其他杂木屑也可使用。最好选用不含芳香族化合物的桦树科、山毛榉科等阔叶树的木屑。混有杉樟、松柏等木屑时一定要经蒸煮或曝晒，使芳香性物质挥发掉再用，以免菌丝生长受到抑制。木屑要经过过筛处理，去掉碎木块等杂质，以免刺破塑料袋。香菇栽培主要的氮源是麦麸。麦麸和木屑等主要成分均要保持新鲜、无霉变方可使用。

（二）栽培料配方

1. 栽培配方1

杂木屑78%，麦麸20%，糖1%，石膏1%，含水量60%。

2. 栽培配方2

杂木屑60%，棉籽壳20%，麦麸18%，石膏1%，糖1%，含水量60%。

3. 栽培配方3

杂木屑78%，麦麸16.6%，糖1.5%，石膏粉2%，尿素或硫酸铵0.4%，过磷酸钙0.5%，玉米粉或黄豆粉1%，含水量60%。

栽培料的配方要因地、因材料而异，各材料的用量一定要注意香菇不同生长阶段C/N的要求。

（三）拌料

先将木屑、玉米粉和麦麸等主料按所需量称好，混拌均匀，再称取石膏和蔗糖等辅料溶于水中，然后分次倒入混拌的主料堆中继续搅拌均匀，静止堆放30min。培养料的含水量控制在60%。一般判定原则为用拇指和食指捏少许培养料，可见有水渍渗出，但不成滴即为适合。若指缝中间有水溢出，则说明水分偏高，会导致培养料的通气性差，抑制菌丝正常生长；相反，若含水量偏低同样会阻碍菌丝的生长。

（四）装袋

栽培料配制合格后，要立即进行装袋。注意边装边压实，直至装到菌筒高的2/3处。随时清理菌袋表面和筒口黏附的培养料。装料完毕，在紧贴培养料处用线绳扎紧袋口，再将袋口反折后用线绳扎上几圈，即双层扎封。

（五）灭菌

装料结束后要立即灭菌，若菌包量少可采用高压蒸汽灭菌，菌包量大时可采用常压灭菌。常压灭菌时必须注意以下几点：

（1）将锅内清洁干净，注入清水，将菌袋呈井字形排放装入常压灭菌灶内，或将菌袋先装入周转筐，再整筐装入灶内，筒袋要受热均匀，灶内蒸汽流畅，避免出现灭菌死角。

（2）火力要"攻头、保尾、控中间"，即菌袋入灶后立即用大火猛攻，尽量在3h内让锅灶内温度达到97℃以上；文火加热到100℃后继续保持9~10h；再用大火猛烧。灭菌结束后需自然降温，当温度降至60℃以下时可将菌袋出锅。出锅后要冷却，冷却过程中保持室内清洁、通风、干燥，提前做好清洁和消毒工作，以免杂菌污染。

（六）接种

接种是栽培香菇的重要环节之一，应在无菌室内进行此操作。在实际生产中，为减少菌袋接种后再次挪动，减少污染，一般在培养室内进行接种，培养室事先要做好清洁和消毒。当栽培料温度降至25℃时进行接种。

（1）将香菇栽培专用胶布用剪刀剪成3.5cm×3.5cm的小块，使用前放在无菌箱内熏蒸灭菌。

（2）将菌筒待接种部位用75%的酒精棉球擦拭消毒。

（3）用接种打孔器（事先灭菌处理）在筒袋的正面打3个孔，孔深2cm，孔径1.5cm。

（4）将菌种放置支架消毒，香菇栽培种横放其上，点燃酒精灯，将栽培种瓶口靠近酒精灯火焰，把瓶盖打开，放在无菌区。用无菌接种铲挖取若干小块菌种，对准菌袋上接种孔位置，将菌块填满接种孔。菌种块应略高出料袋2~3mm，左手用灭菌棉花将接种孔周围培养料清理干净。

（5）将接种完毕的接种孔用事先准备的无菌胶布贴封，再将筒袋翻转180°，如前操作在菌筒正面消毒、打孔（孔位与对面错开）、接种及贴封。若采用双层装（套袋）接种和发菌，可免去胶布封贴环节。

（七）堆垛养菌

接种完毕即可将菌袋移入培养室进行养菌。培养室要求地面平整，最好为砖地或水泥地，先在地面薄薄地撒一层石灰粉，然后进行消毒处理，并要保持清洁、通风、黑暗。菌袋摆放时，菌筒上的接种孔穴应向两侧，利于通气，呈井字形，层间纵横交错，按每层4袋，堆高80~100cm为宜。养菌期间，培养室温度控制在22~24℃，相对湿度维持在70%以下，减少杂菌污染，每天定时通风1~2次，以调节空气，排除CO_2。当堆温达到28℃时，应拆高堆为矮堆。

（八）揭胶布

养菌7d后，接种孔内菌丝应呈放射状蔓延生长，直径可达6~8cm，此时应拆堆检查，及时挑出污染的菌袋。将胶布的一个角揭开，增加氧气的供应，来满足菌丝正常生长所需氧气。但要注意，胶布揭开角后，可增加接种孔内氧气，菌丝旺盛生长，释放出大量热量，堆垛菌袋温度急速上升，此时应进行倒跺或变每层4个菌筒为3个菌筒，增大菌筒间的距离。当外界气温较高时，还需增加堆垛间的距离。适当通风换气，养菌室温度尽量控制在30℃以内，否则将发生"烧菌"现象。

（九）脱袋

正常情况下，经过40~50d的发菌期，菌丝即可长满菌袋。50~60d，菌筒内突起瘤状物达到培养料面的2/3时，接种孔附近会出现棕色斑，说明菌丝已生长到生理成熟。若利用自然条件出菇，气温需稳定在22℃，否则不要着急外移；为了增加菌筒内氧气，可用无菌刀片在菌筒上划；两三处V字形，适当增加光照，可使菌丝边成熟边转色。当平均气温下降至22℃以下时，即可搬入出菇室内进行脱袋。脱袋时，右手拿无菌刀片，左手托菌棒，在菌袋两端分别划割一圈，在菌袋正面纵向划一刀，即可把菌袋脱掉。划刀时注意不要划到菌丝，以免伤及菌丝。脱袋后的菌棒排放到结床的排架横木上，每排可放8或9个菌棒，菌棒间距约10cm，与畦面呈60°~70°夹角。脱袋菌棒排架后，随即用0.1％高锰酸钾消毒过的塑料薄膜覆盖畦上拱棚，用泥土压住薄膜四周，防止菌棒失水。脱袋的菌筒出菇面积增大，菌棒容易失水干燥，所以要调控好畦内湿度，防止菌棒过度失水，影响出菇。也可不进行脱袋直接出菇。

（十）转色

菌棒在薄膜内的2~4d，应保持膜罩内恒湿恒温，不宜翻动薄膜。当膜内温度超过25℃时，膜内有大量水珠出现属正常现象，此时要根据实际情况掀开薄膜适当降温。4~7d后，菌棒表面即可出现白色、浓密绒毛状菌丝。当绒毛状菌丝长至2mm时，要适当增加掀膜次数，降低湿度和温度，菌丝即会倒伏，进而形成菌膜，同时会分泌色素。菌膜会由白色转为粉红色，进而转为棕褐色，最后形成树皮状的褐色菌膜。

（十一）催蕾

香菇属于变温、低温结实性食用菌。菌棒转色后，应及时给予适当的昼夜温差刺激，保证原基顺利出现。加大昼夜温差，利于诱发子实体原基形成。一般白天温度在20℃左右时采取盖膜保温，夜间掀膜通风降温。如此操作2~3d后即会有菇蕾产生。

（十二）出菇管理

昼夜温差大小、空气相对湿度大小、菌棒含水量多少及菌棒表皮的干湿差等条件决定原基能否形成并顺利发育成子实体。通风供氧量和温度是决定子实体形态正常与否的关键。光线强弱和空气相对湿度大小决定子实体颜色的深浅。因此，人为调控管理必须依据外界天气情况进行，创造一个适宜香菇生长发育的环境条件，才能取得香菇栽培的高产和优质。具体管理措施如下：

1.保持菇棚内空气的相对湿度

菌棒转色出现花斑皲裂后，应维持膜罩内90%的空气相对湿度，并逐渐增加菇棚的遮阴度。随着菇蕾的逐渐分化，即进入子实体发育阶段。为了增加菌盖厚度、提高香菇品质、菇棚内最理想的空气相对湿度应维持在80%～85%。

2.光线

香菇子实体生长需要一定的散射光线。为使菌盖能正常着色，菇棚内光照强度控制在300～500lx为宜。

3.增加通风

香菇子实体生长阶段，需氧量增大，若氧气不充足，香菇子实体原基分化不良，菌柄粗而长，菌盖小、成为畸形菇，最终导致质量差、产量低，效益不佳。

因此，在香菇出菇阶段的管理中，要根据实际环境条件，做好通风和控湿控温工作。晴天或外界湿度小，应先浇水后通风，阴天湿度大时，可增加通风量。一般可根据天气情况采用控制掀膜次数和每次掀膜的时间来实现通风。

（十三）采收

适时采收是香菇栽培中一个非常重要的环节，过早或过迟采收都会影响其质量和产量。应根据香菇的不同用途及时进行采收。如鲜菇出口时，以子实体5～6分成熟、菌盖5～6分开伞，即菌膜微破裂或刚刚破裂时采收为宜。鲜菇内销或干菇销售，以子实体7～8分成熟，即菌盖尚有少许内卷、菌膜已经破裂时采收为宜，这时采收的香菇质量好、价值高。

采收前数小时不能喷水，以减少菇体内的含水量。采摘时，用食指和拇指捏住菇柄的基部左右轻轻转动即可采下。采摘时注意不要触摸菌褶，以防菌褶褐变、倒伏；不要碰伤、碰掉菌盖造成次菇；菇柄不能残留在菌棒上，以免腐烂污染杂菌；不要碰伤周围小菇蕾。总之，采菇时应小心。采下的香菇轻轻放入筐内，不要堆压过多。采后应立即进行烘烤或保鲜加工。

（十四）采收后的管理

因出菇后菌棒含水量减少，所以第一潮菇采摘后，应喷水保湿，适当增加通风次数，使菌丝迅速恢复正常生长，促进养分积累，供第二潮菇出菇的需要。经过5~7d的恢复期，采摘菇痕处开始发白，这时白天盖紧薄膜，晚间掀开，人为拉大温差，加大湿度，诱导第二潮菇形成。菇蕾形成后，应根据天气情况确定喷水的次数和每次喷水量，直至采收第二潮菇。

第二潮菇采收后，若菌棒失水太多，可采用刺棒补水的方法。即用8号铁丝将菌棒刺多个洞，然后在浸水池中浸泡菌棒，在池上面盖木板，压上石块，防止菌棒不吸水而漂浮。浸泡4~6h后，把水放掉，当菌棒表面的水蒸发后，重复前面的出菇管理办法。

若是秋菇，采收2~4潮后，当气温低于12℃以下时，坚持每天通风1~2次，保持菌棒湿润，可顺利越冬。待到春季气温回升到12℃以上时，再进行补水、催蕾等出菇管理。若要形成花菇，则需要较低的空气相对湿度、更大的昼夜温差和较强的光照。

四、实训作业

（1）你认为香菇代料栽培的关键技术有哪些？

（2）简述香菇代料栽培的工艺流程。

实训指导三 黑木耳的栽培

黑木耳 [*Auricularia auricula（L.ex Hook.）Under W.*] 又名木耳、光木耳、云耳等。黑木耳隶属真菌门、担子菌亚门、层菌纲、木耳目、木耳科、木耳属。木耳以质软滑嫩，清脆可口著名。木耳多糖具有降低血糖、抗血栓形成、改善心肌缺氧以及抗辐射作用，其腺苷及其衍生物是一种强效血小板聚集抑制剂。黑木耳传统栽培方法是段木栽培，目前主要采用代料栽培。

一、实训目的

通过黑木耳的代料栽培实践训练，使学生掌握黑木耳的袋栽方法和管理技术。

二、实训材料与用具

1. 材料用品

木屑或棉籽壳、麦麸、蔗糖、石膏、碳酸钙、聚丙烯塑料袋、黑木耳栽培种等。

2. 仪器用具

圆锥形木棒、颈圈或无棉盖体、防潮纸、棉塞、线绳、铁锹、水桶、磅秤、接种铲、75%酒精消毒瓶、75%酒精消毒棉球、酒精灯、镊子等。

三、实训内容与方法

黑木耳代料栽培的工艺流程如下：

配料→拌料→装袋→灭菌→接种→培养→耳芽诱导→出耳管理→采收

（一）培养料的配制

用于代料栽培黑木耳的原料有木屑、棉籽壳、甘蔗渣等。无论使用哪种培养料，都应选用新鲜、无霉变的材料。黑木耳栽培的配方很多，常用的配方有：

1. 培养料配方1

木屑（或棉籽壳）78%，麦麸20%，蔗糖1%，石膏粉1%。

2. 培养料配方2

玉米芯59%，木屑30%，麦麸10%，石膏1%。

3. 培养料配方3

棉籽壳79%，麦麸18%，大豆粉0.5%，蔗糖1%，石膏粉1%，过磷酸钙0.5%。

（二）拌料

拌料方法与平菇栽培料的制作方法一致，培养料含水量60%。

（三）装袋

选用17cm×33cm的聚丙烯折角塑料袋，装料时边装边压实，装至料筒2/3处即可。把料面压平，再用圆锥形木棒从中央打一个距袋底2～3cm的洞，增加透气性。用无棉盖体封口，如用棉塞封口需包上防潮纸，把料袋袋表面的培养料擦净。

（四）灭菌

装袋后应及时灭菌，将装好料的塑料袋摆放在筐里再放到常压灭菌锅或高压灭菌锅里灭菌。常压灭菌100°C维持9～12h，高压灭菌采用压强为0.1～0.15MPa（1～1.5kgf/cm^2），保持1.5～2.0h，待其自然降温后出锅接种。

（五）接种与培养

适宜的菌种是获得高产稳产的关键，选用适龄、纯净、菌丝生长旺盛的栽培种，接种时可适当增加接种量，在接种室或超净工作台内按无菌操作进行接种，接种方法同原种制作。

接种完毕，将料袋送至培养室的培养架上培养。料袋间应留有一定距离，以防袋内料温升高出现"烧菌"现象。培养室前期室温26～28°C，后期降至22～23°C。养菌前期，菌丝末长满料面时不宜翻动，以防污染，发菌中期要每隔5～7d翻堆一次，争取发菌均匀，同时挑出污染菌袋。发菌期要避光，并应适当通风换气。一般木屑料菌袋需40～45d菌丝即可长满袋，其他原料需要38～46d。菌丝长满料袋后，应增加光照，促使菌丝生理成熟。

（六）出耳管理

黑木耳是好氧、喜湿的菌类，因此出耳场地必须满足这些要求，才能获得高产。

1. 出耳场地的要求

以室内栽培为例，出耳室要设多个对流窗，以保证室内通风良好，窗户应安装尼龙纱窗，门也要安纱门，防止菇蝇、菇蚊等飞入，出耳室内或附近有水源，室内应安装照明灯。

为了充分利用室内空间，在室内可设栽培架。栽培架可用竹竿、塑料管或金属角铁搭制。最好不用木架，因其易长霉菌。栽培架的规格一般长3m、宽0.8m、高2.1m，全架4层，底层离地60cm，上边每层间隔50cm，室内过道宽60cm，靠墙两侧各留50cm。每层架上相隔20~25cm横架短竹竿，以便吊袋使用。这样25m²的出耳室、分层进行架式吊袋栽培，可吊栽黑木耳3000袋左右。

2. 催耳与上架

栽培架准备好以后，将培养好的菌袋取出，拔掉棉塞（或透气塞）及颈圈，扎紧袋口，用消毒过的刀片在袋的表面划V形口，刀口长为1.5cm，共划3行，每行3或4个口，孔口交替排列，每袋划10~12个口。这种划口不仅保湿性能好，水分不易散失，而且喷水时可避免过多水分渗入料内，同时也不会因喷水而使划口部位积水过多及导致污染。此外，出耳时，由于耳片将划口薄膜向上撑起，可防止耳片基部积水过多造成烂耳。菌袋开口以后放在潮湿的地面上，加大通风，增加光照，使室温降至15~20℃，以刺激原基分化。此时湿度不能过低，否则开口处形成硬菌膜，影响出耳。当开口处露出粒状耳基，即可上架出耳。吊菌袋的绳子有长有短，相互错开悬挂，保证袋间通风良好，并防止子实体相互影响生长。耳基形成后，保持室温23~24℃，室温不能低于20℃，也不能超过27℃，空气相对湿度应保持90%，不能向幼耳上直接喷水。

3. 成耳的管理

幼耳形成后一周左右，逐渐展开成绣球状，这时逐渐增加通风量，否则易成"团耳"。每日喷雾状水3或4次。室内相对湿度维持在85%~90%，温度控制在18~20℃为宜。外界温度高，应加大通风量并向四周墙壁喷水降温以防高温引起"流耳"。每次喷完水后，立即加大通风，直至耳片上不见反光水膜为止。随着耳片展开，光照强度应增强，除有散射光外，还需要一定强度的直射光，保持1250lx的光照。一般从幼耳产生到成熟需7~20d。

（七）适时采收

当耳根由粗变细，耳片颜色变浅且舒展变软，基部收缩，腹面略见白色孢子时，为采收的最适期。采耳时本着采大留小的原则，用拇指和食指捏住耳片中部，稍用力向上扭动将耳片采下。采完耳片后要清理残留的耳根，以免引起溃烂进而导致病菌侵染。

袋栽木耳一般可产三茬，每茬采收后停水2d，促使菌丝恢复。以后仅需保持出耳室空气相对湿度为80%~85%即可。约一周，第二茬幼耳形成，管理方法同头茬耳。

四、实训作业

（1）木耳栽培技术与哪些菇类栽培相似？又有哪些不同？

（2）木耳栽培过程中最关键的技术是什么？

实训指导四　鸡腿菇的栽培

鸡腿菇 [*Coprinus comatus*（*Muell.ex Fr.*）*Gray*] 又名刺蘑菇、毛头鬼伞等，属于真菌门、担子菌亚门、层菌纲、伞菌目、鬼伞科、鬼伞属。子实体鲜而不腻，质地脆而滑，口感极佳。该菌宜在未开伞前采食，烘干后香味更为浓烈。

我国于20世纪80年代开始驯化栽培，90年代进入商品化栽培阶段。目前，栽培鸡腿菇的方法主要有生料覆土栽培法、发酵堆肥栽培法和熟料覆土栽培法三种。不同地区可根据当地实际条件，选择相应的栽培方法。

一、实训目的
通过鸡腿菇的发酵料栽培，使学生掌握发酵料栽培鸡腿菇的工艺流程和关键技术。

二、实训材料与用具
1.材料用品
鸡腿菇栽培种、稻草、沙壤土或草炭土、干牛粪（或马粪、鸡粪）、过磷酸钙、石膏、碳酸铵、硫酸铵、饼肥、尿素等。

2.仪器用具
铡刀、铁锹、皮管、水桶、喷雾器、塑料布、粪叉、温湿度计、长柄温度计等。

三、实训内容与方法
（一）菇房的设置
菇房应建在交通便利、有充足的水电资源、排水方便、地势较高、周围环境开阔而清洁、远离饲养场的地方。菇房面积不宜过大，每间房100m²左右。菇房结构要合理，房内应通风良好，应坐北朝南，菇保温保湿性好。

菇房内床架应与菇房方位垂直，因地制宜排列，一般设5~6层。床架宽窄适中，否则利用率不高或操作不便。床架顶层与屋顶应留一定距离，层架间距离66cm，最下层离地面33cm以上。菇房内应有通风设备。菇房门上挂帘，以防水分蒸发或冷风。屋顶中间设置数个排气管，管高60~100cm，管径20~30cm，管口加盖防雨帽。菇房前后墙留上、中、下对流窗，窗的大小、数目可因地制宜。

（二）栽培料配方

1. 栽培料配方1

麦秸（或稻草）70%，干牛粪20%，过磷酸钙3%，石灰3%，石膏3%，硫酸铵1%。

2. 栽培料配方2

玉米芯96%，石灰3%，尿素1%。

3. 栽培料配方3

麦秸（或稻草）57.5%，豆饼粉1%，干鸡粪8.5%，干牛粪28%，硫酸铵1%，过磷酸钙1%，石膏1.5%，石灰1.5%。

4. 栽培料配方4

金针菇或白灵菇废培养料（菌糠）73%，牛、马粪20%，尿素1%，过磷酸钙2%，石灰4%。

5. 栽培料配方5

棉籽壳97%，蔗糖1%，碳酸钙2%。

（三）发酵堆肥方法与双孢蘑菇相似

1. 稻草预处理

将稻草铡成长15~20cm的小段，然后堆积草堆，用0.5%石灰水或清水浇透，继续堆放2d，使堆温升高，有利于稻草秸秆进一步软化。

2. 粪便预湿处理

先将大粪块打碎，然后用水喷浇，使其充分湿透，达到预湿的目的。

3. 建堆

将堆置场清洁干净，撒一薄层石灰粉，杀死堆场内害虫或虫卵。然后在地面铺一层厚15~20cm、宽2~3m的稻草，在稻草上铺撒一层厚5~6cm的牛粪或其他粪肥。再重复铺放同样厚度的稻草和粪肥，最后堆高至1.5m即可。

一般料堆从第三层开始加水，以后每铺一层粪草，喷水一次，上层稍多些，下层少喷，要求喷水量合适、喷洒均匀，直到料堆建好后，堆中有少量水外渗为止。

料堆的松紧度要适中，不可过实或过松。建堆最后用粪肥封顶，堆料四周要垂直；便于排水，堆顶要呈现龟背形；在堆的不同部位插入温度计，以便随时观测堆温。为防止日晒雨淋，一般料堆顶用草帘盖好。遇大雨时，将料堆用塑料薄膜盖好，防止雨水渗入料堆，影响发酵质量，但雨后要及时揭膜，以利于料堆内通气。

4. 翻堆

当温度达到60℃并保持10~12h就应翻堆。建堆后，料温会逐渐上升到65~70℃，最高可达75℃以上，翻堆可使堆料各部分发酵均匀，温度、湿度趋于一致。建堆后第5d左右即要进行第一次翻堆处理，补足水分，并分层加入硫酸铵和过磷酸钙。再堆制4~5d后即进行第二次翻堆，分层加入石灰和石膏粉；再堆置2~3d，调节pH值为7~8，含水量为65%~70%即可进菇房。也可采用二次发酵法。培养料经前发酵后运入菇房进行后发酵，料温升至60℃，保持4~6h，然后在50~52℃维持3d，排除氨味。

（四）播种

料温降至25℃时即可播种。堆料发酵完成后即可摊放到菇床上，料厚约15cm，压实整平。目前多采用麦粒种为栽培种，一般接种量为450g/m²，为减少污染，缩短菌丝长透培养料所需时间，可适当加大接种量。也可采用混播法，现在培养料上均匀撒播75%的菌种，然后用手将培养料和菌种搅拌均匀，使菌种均匀分布于培养料中，最后在培养料面上均匀撒播剩下25%的菌种，再覆盖一薄层培养料，稍压实整平即可。当空气湿度较低时播种后则需覆盖薄膜，菇房湿度达到80%或更高时，可不用盖薄膜。

（五）播种后的管理

播种后，料温控制在25℃左右为宜，当料温上升，应适当通风处理。床上料面小区空气相对湿度控制在70%~80%。当菇房湿度低时，可用喷雾器向过道和墙壁喷水。当菌丝定值在培养料后，遇到连续高温天气，则应加强通风换气，以便降温降湿，促进菌丝正常生长。当菌丝发透料床后，应喷水保湿。

（六）覆土

当菌丝伸长至菌床厚度的2/3时覆土为宜。可采用沙壤土或草炭土，要求土粒无白心，用3%石灰水调整含水量至16%左右，覆土厚3~4cm即可。

（七）覆土后的管理

为使菌丝尽快爬上覆土层，覆土后料温应控制在25℃左右。保证相对湿度适宜是菌丝顺利爬上覆土层的关键，因此要维持土粒适宜的含水量，喷水应遵循少喷勤喷的原则。

（八）出菇管理

覆土后20d左右，料面上会出现白色子实体原基。在子实体分化和生长期，培养室温度最好控制在14~18°C，最高不超过20°C。否则菌柄易伸长，开伞快，品质差；在低温下生长的子实体不易开伞，只有在适宜的温度范围内，温度升高子实体生长速度才会加快。

空气相对湿度维持在85%~90%，结合每天喷雾状水保持湿度。并给予500~1000lx的光照。此外，要经常通风换气，保持空气新鲜。若CO_2浓度过高，抑制菌盖发育，刺激菌柄生长，易形成畸形菇。

（九）采收

鸡腿菇子实体成熟速度快，必须在钟形菌盖上出现反卷毛状鳞片、菌环尚未松动时（即菇蕾期）采收。若子实体在菌环松动或脱落后采收，加工过程中会氧化褐变，菌盖变黑甚至发生自溶，流出黑褐色的液体而完全失去商品价值。采菇后要及时补土补水，整理料面，准备出第二潮菇。

此外，还可以采用熟料覆土栽培。其栽培工艺与平菇的熟料栽培相似。管理方法与发酵料栽培相同。熟料栽培生物学效率和单产水平比生料栽培稳定，栽培者可根据具体情况决定采用哪种栽培方法。

四、实训作业

（1）发酵料栽培鸡腿菇的关键技术是什么？

（2）鸡腿菇出菇管理阶段温湿度应如何调控？

实训指导五　草菇的栽培

草菇［*Volvariella volvacea*（*Bull.es Fr.*）*Sing.*］又名兰花菇、麻菇、苞脚菇等。属于真菌门、担子菌亚门、层菌纲、伞菌目、光柄菇科、草菇属。草菇菌肉脆嫩，味道鲜美，富含多种维生素和矿质元素，尤以维生素C含量高而著名。

草菇栽培起源于我国南方，所以又被称为"中国蘑菇"。草菇是种高温条件下生长的菇类，气温稳定在28℃以上时才适于它的生长发育。南方从立夏至霜降，北方从芒种到立秋均可进行露地栽培。在低温季节可以在室内进行控温栽培。

一、实训目的

通过草菇的栽培实验，使学生能够掌握草菇的栽培方法和关键技术。

二、实训材料与用具

1.材料用品

草菇栽培种、麦麸或米糠、稻草、棉籽壳、草木灰、尿素、石膏、塑料薄膜等。

2.仪器用具

铁锹、大镊子、75％酒精消毒缸、火柴、酒精灯、75％酒精消毒棉球、喷壶等。

三、实训内容与方法

（一）栽培场地的选择

草菇既可在室内栽培，也可在室外栽培，草菇的室外栽培应在"三分阳七分阴"的树荫底下或是在人工搭建的遮阴棚内进行。室外栽培场地的周围要开沟，以利于排水。栽培地面要高出地面10cm，若地面有杂草，应进行锄草整地，晒1～2d，再把中央压实，两旁稍松，做成的床宽1～1.2m，长3～4m，床间距离0.5m，床做好后撒些生石灰以消灭害虫。

（二）栽培方法

1.稻草处理

挑选干净、无霉变、金黄色的稻草，小规模生产可将稻草做成250～500g重的草把，采用草把堆料法栽培。大规模生产一般把稻草用铡草机切成10cm以下的小段，采用碎料法栽培。也可直接用乱稻草，采用铡草堆料法栽培。

2.预湿

将破碎的稻草用1%～3%的石灰水预湿，并不断喷水使其吸水软化。

3.栽培料配方

（1）用草堆法栽培草菇时的配方。

①干稻草100kg，腐熟的干牛粪或家禽粪5～8kg，石灰1kg，草木灰或火烧土适量。

②干稻草100kg，米糠或麸皮3～5kg，过磷酸钙50kg，石灰1kg，肥土或火烧土适量。

（2）用堆制发酵料栽培草菇时的配方。

①干稻草100kg，麸皮5kg，干牛粪5～8kg，草木灰2kg，石灰3～5kg。

②麦秸70kg，棉籽壳30kg，玉米粉2.5kg，麸皮2.5kg，饼肥1～2kg，磷肥2kg，石灰粉5kg。

③麦秸40kg，玉米芯30kg，棉花秆粉30kg，麸皮2.5kg，饼肥1～2kg，磷肥2kg，石灰5kg。

④废棉或棉籽壳98kg，石灰粉20kg。

⑤干稻草50kg，干牛粪4kg，过磷酸钙0.5kg，石灰粉1kg，麸皮2.5kg，火烧土1kg。

⑥麦秸粉40kg，玉米芯15kg，棉籽壳或棉花秆粉30kg，玉米面1.5kg，豆饼1.5kg，磷肥1.5kg，石灰2.5kg。

⑦稻草（切断）15kg，玉米秸粉15kg，麦秆粉15kg，玉米面1.5kg，豆饼1.5kg，磷肥1.5kg，石灰2.5kg。

⑧麦秸（切断）15kg，玉米秸粉15kg，麦秆粉15kg，玉米面1.5kg，豆饼1.5kg，磷肥1.5kg，石灰2.5kg。

⑨稻草45kg，玉米面5kg，豆饼1.5kg，磷肥1.5kg，石灰2.5kg。

⑩棉籽壳47.5kg，石灰粉2.5kg。

以稻草（干重）80%，麦麸或米糠15%，石灰4%，尿素0.5%，过磷酸钙0.5%为配方进行说明。

4. 堆料发酵

将预湿的稻草与辅料分层铺料建堆，堆型可仿照双孢蘑菇堆料法，使堆料疏松透气，进行发酵，堆温迅速上升至60~65℃，保持半天后翻堆（也可以在翻堆时加入辅料以减少损耗），堆温再次上升到60~65℃保持1d，然后散堆送往栽培场使用，全过程3~5d。发酵好的堆料应柔软、无氨味、无臭味，pH值为8~9，含水量70%~75%。

5. 巴氏消毒

将发酵好的培养料趁热搬入菇房平铺于菇床上，按10kg/m²料铺平，厚约20cm，注意中间稍厚，周边稍薄，以免积水。温度较低时可厚些，若水分不够70%，要适当喷水补足，并把覆盖的材料和用具一起放入菇房，关闭门窗，然后通入蒸汽进行巴氏消毒。当菇房内温度上升到60℃时，保持6~8h后，停止加热，让菇房自然降温。

6. 接种

当菇房内温度下降至38℃时，打开门窗，进入菇房接种。可采用穴播，穴距10cm，深2~3cm，菌种放满穴并稍露料面或采用混播法进行接种。接种后要稍加压实，让菌种与培养料紧贴在一起，促进发菌。若菇房保温保湿性能差，则需覆盖塑料薄膜。

7. 出菇管理

草菇与其他菇类相比具有菌丝生长迅速，生长周期短的特点，在出菇管理上要求技术高，应注意以下几个环节：

（1）温度。接种后，室内气温以28~30℃为宜，堆料的温度很快升高，草菇菌种也迅速生长繁殖。当料温超过40℃时，菌丝生长受到抑制，温度再高时，菌丝死亡，此时应注意堆温的变化，可采取向地面洒水和短时间通风来降温，当气温较低时，料温升得慢，此时应采取加盖草帘等保温措施。出菇期菇房温度应保持在27~30℃，在正常生长条件下，接种后7~10d可以出现原基，12~15d子实体可以采收。

（2）湿度。草菇生长期间空气相对湿度要求较高，菌丝生长期间水分由培养料中获得，一般空气相对湿度在70%左右。但因草菇是在高温季节时栽培，水分蒸发量很大，所以接种3~4d后，应在地面和菇房内喷水保湿，相对湿度要求在80%左右，出菇时要求相对湿度为90%~95%，当水分不足时应喷雾状水，但水分也不能过多，否则影响菌丝的呼吸作用。当料堆上出现菇蕾时可将薄膜支高些，以免水珠滴落到原基上，影响其生长。

（3）通风换气。草菇生长要求充分的新鲜空气。接种两天后，每天掀开料堆上的薄膜一两次进行通风换气，每次10min左右，在出现原基后还要延长通风时间，出菇阶段更应注意通风换气，否则CO_2过多，对草菇的生长有抑制作用或出现畸形菇。

8.采收

原基形成3~4d后发育成卵圆形或椭圆形的菇蕾，应在外菌幕未破时采收。采菇时用一只手按住周围培养料，另一只手握住菇蕾左右旋转，轻轻拧下。第一潮菇采收结束，通风一天，并清理床面，全面补水，再喷一次pH值为8~9的石灰水，经适当通风后，重新盖上薄膜养菌管理，准备出第二潮菇。

此外，充分吸水软化的稻草也可直接建堆栽培草菇。栽培料配方为：稻草（干重）97.3%，麦麸或米糠2%，石膏0.5%，尿素0.2%。将吸水软化的稻草建堆，堆宽45~55cm，高30~40cm，长度不限，麦麸、石膏和尿素混合后分层撒在距边缘6~8cm的草堆内，接种时将栽培种塞入草堆边缘。其他管理方法与堆料发酵后栽培草菇的方法相同。

四、实训作业

（1）草菇栽培的特点是什么？

（2）草菇栽培中的技术关键是什么？

实训指导六　灵芝的栽培

灵芝（*Ganoderma lucidum*）又名红芝、赤芝、灵芝草，古称瑞草、神仙草，属担子菌门、层菌纲、非褶菌目、灵芝科、灵芝属。灵芝是我国医药宝库中的一颗璀璨明珠，据《神农本草经》记载，灵芝性平、味苦，具补肺益肾，养胃健脾，安神定志，扶正固本等作用。近年来，各地的临床试验表明，灵芝对老年慢性气管炎、肝炎、肾炎、鼻炎、胃及十二指肠溃疡、糖尿病、神经衰弱、高血压、白细胞减少症、高胆固醇及冠心病都有不同程度的疗效，长期服用可增强体质，提高抗病力。灵芝中的药用成分有多糖、多肽、三萜类、腺苷、灵芝碱等。

目前灵芝的栽培方法主要有段木栽培和代料栽培两种。段木栽培又分为短段木熟料栽培和长段木生料栽培两种；代料栽培分为瓶栽和袋栽两种，现在多数用袋栽。

一、实训目的
通过灵芝的袋栽实验，使学生初步掌握灵芝的代料栽培方法和工艺流程。

二、实训材料与用具
1. 材料用品
灵芝栽培种、聚丙烯塑料袋、锯末屑或棉籽壳、麦麸、蔗糖、石膏、过磷酸钙、75％酒精消毒瓶、75％酒精棉球等。
2. 仪器用具
磅秤、无棉盖体、小线绳、防潮纸、圆锥形木棒、量杯、水桶、接种勺、大镊子、酒精灯、火柴、记号笔等。

三、实训内容与方法
灵芝袋栽工艺流程如下：

配料→拌料→装袋→灭菌→接种→养菌→出菇管理→采收

（一）原料的选择

灵芝的代料栽培取材广泛，榆、柳、栎等阔叶树种的木屑、棉籽壳等加些辅料均可用来栽培灵芝。

（二）培养料配方

1.培养料配方1

棉籽壳78%，米糠或麦麸20%，蔗糖1%，石膏粉1%。

2.培养料配方2

木屑76%，麦麸或米糠20%，玉米粉3%，石膏粉1%。

3.培养料配方3

棉籽壳98%，石膏粉1.4%，尿素0.5%，过磷酸钙0.1%。

（三）拌料

将水泥地面清理干净，按配方和用量准确称量所需木屑、麦麸和棉籽壳等主料，并混拌均匀。再将所需的石膏和蔗糖等辅料完全溶于水，然后分次泼洒在上述主料堆上，边加水边搅拌，直至均匀。静置堆放30min后，培养料吸水均匀后，pH值至5.5~6.5，含水量在60%左右。含水量的判断方法如前所述。

（四）装袋

栽培料拌好后，立即装袋，一般装入17cm×33cm的聚丙烯塑料袋中。若采用常压灭菌，也可用聚乙烯塑料袋。装料时，先在菌袋底部装入少量培养料，并轻轻压实，让菌袋底部呈方形，便于摆放。装料时袋面要平整，松紧度适宜。装料量为菌袋的3/4，用锥形木棒从袋口向底部打孔，袋口用无棉盖体封口，最后将菌袋外部擦拭干净。

（五）灭菌

菌袋放入常压灭菌灶内，于100°C保持8~10h。高压灭菌锅内灭菌，0.13MPa（1.4kg/cm²）保持1.5~2.0h。

（六）接种

一般在接种室进行接种。灭菌后，培养料冷却到30°C左右，即可接种。无菌操作先挖去菌种表面的老化菌丝，然后将菌种捣散后再接种。料袋的长度小于20cm，只需在袋的一端接种，若料袋的长度大于20cm则需在袋的两端分别接种。接种量以布满培养料表面为好，可使料面菌龄一致，发菌均匀，出菇整齐。接种方法与接栽培种相同。

（七）培养

接种完毕后，立即将菌袋搬入培养室的多层架子上培养，一般可叠放5层，培养室要求清洁、通风、黑暗，温度控制在25~27°C，空气相对湿度保持在65%左右。7~10d菌丝长满培养料的表面，一般每隔4~5d翻堆一次，使发菌一致，每次翻堆后，及时挑出污染袋。

（八）出芝管理

菌丝长满袋后，将栽培袋移入出芝室。菌袋着地横卧，一般放3~4层，菌袋放好后，将棉塞拔掉，但不去颈圈。袋口直径约2cm。灵芝属于高温恒温结实型食用菌，因此，出芝室温度要求控制在25~28°C，最好将室温稳定在27°C，室内空气相对湿度要保持在85%~90%，每天喷雾1~2次，室内空气要清新。菌盖形成后相对湿度要提高到90%~95%，每天向菌盖喷雾化水两三次，喷水时要打开门窗，喷水结束后1~2h，待子实体表面水迹干后方可关闭门窗。喷水可使菌盖长大长厚，随着菌盖长大、盖面颜色变为红褐色，菌盖边缘白色生长点消失，这时应停止喷水。出芝期间，每天开窗通风两三次，增加通气量，降低CO_2浓度，子实体形成期对CO_2十分敏感，空气中CO_2浓度超过0.1%时，菌盖生长受抑制，只长菌柄，形成鹿角芝。此外，子实体生长和孢子形成时需要一定的散射光，光照强度为1000-2000lx。光照不足，菌盖薄，颜色浅，影响产量和质量。灵芝子实体具有很强的趋光性，因此要求光照均匀。

（九）采收

当菌盖边缘的白色生长点消失，色泽和中间的色泽相同，菌盖不再增厚时为采收适期。采收时握住菌柄转动将其摘下，然后用小刀挖去残留的菌柄。停止喷水2~3d，进行再生芝的管理，整个周期可采收两批。再生芝要比第一批芝盖小而薄。

四、实训作业

灵芝栽培过程中应注意哪些问题？

实训指导七　蛹虫草的栽培

蛹虫草（*Cordyceps militaris*）又名北冬虫夏草、北虫草，属子囊菌门、核菌纲、麦角菌目、麦角菌科、虫草属。蛹虫草作为滋补品有着悠久的历史，其主要活性成分是虫草素，具有一定的抗肿瘤、抗病毒作用。此外，虫草多糖、超氧化物歧化酶（SOD）等具有提高机体免疫力，延缓细胞衰老、抗缺氧、抗心律失常等功能。

一、实训目的

通过蛹虫草的瓶栽实验，使学生掌握蛹虫草的基本栽培方法和摇床液体菌种的制作技术。

二、实训材料与用具

1.材料用品

大米、蛋白陈、酵母粉、KH_2PO_4、$MgSO_4$、维生素B_1、葡萄糖、蚕蛹粉、蛋清等。

2.仪器用具

三角瓶（500mL）、罐头瓶、塑料膜、防潮纸或牛皮纸、线绳、棉塞、天平、烧杯、玻璃棒、电炉、高压灭菌锅、接种铲、酒精灯、75％酒精消毒瓶、75％酒精消毒棉球、镊子等。

三、实训内容与方法

（一）液体菌种的制作

1.液体培养基配方

（1）玉米粉20g，葡萄糖20g，蛋白胨10g，酵母粉5g，$KH_2PO_4$1g，$MgSO_4$0.5g，pH值为6.5，加水定容至1000mL。

（2）马铃薯200g（煮汁），玉米粉30g，葡萄糖20g，蛋白胨3g，$KH_2PO_4$1.5g，$MgSO_4$0.5g，pH值为6.5，加水定容至1000mL。

（3）葡萄糖10g，蛋白胨10g，蚕蛹粉10g，奶粉12g，$KH_2PO_4$1g，$KH_2PO_4$1.5g，pH值为6.5，加水定容至1000mL。

2. 培养基的制作

（1）称量：准确称取上述原料加入烧杯中，加水混合，溶解慢的原料可加热使其快速溶解。

（2）调节pH值：加水至总体积约为900mL，调整pH值至6.5。

（3）定容：加水定容至1000mL。

（4）分装：每个三角瓶装入100~150mL培养基，用塑料膜或8~12层纱布扎封瓶口，再盖上一层防潮纸或牛皮纸，用线绳扎紧。

（5）高压灭菌0.10MPa（1.05kgf/cm^2）维持20~30min。

3. 接种

无菌条件下接种，每支试管母种接种5~6瓶，接种完毕将三角瓶放至摇床培养，培养条件为：摇床转速140~150r/min，温度22~25℃，培养4~5d后备用。培养好的液体菌种悬浮有大量菌丝球，此时培养液变清澈并有浓郁的虫草香味。

（二）蛹虫草米饭培养基栽培法

1. 培养基配方

（1）大米68.5%，蚕蛹粉25%，蔗糖4.8%，蛋白胨1.5%，维生素B$_1$0.01%，$KH_2PO_4$0.15%，$MgSO_4$0.05%。

（2）大米67%，玉米粉30%，葡萄糖0.8%，蚕蛹粉1%，蛋白胨1%，$KH_2PO_4$0.1%，$MgSO_4$0.05%，柠檬酸铵0.05%，维生素B$_1$0.01%。

2. 装瓶灭菌

将大米清水中浸泡3~4h，加入其他辅料，调节含水量为65%，调节pH值至6.5。每500mL罐头瓶装干料50g，料面压平，瓶口包扎聚丙烯薄膜，再包一层防潮灭菌纸。灭菌要求在0.11MPa（1.2kgf/cm^2）压力下维持45min或于100℃下维持8h。灭菌后培养基要求米粒间有空隙，不能呈糊状。

3. 接种

当培养基冷却至30℃以下时，在无菌条件下接种。每瓶接种液体菌种量为10mL左右，也可用固体菌种接种。

4.菌丝培养

接种后，将栽培瓶移入清洁避光的培养室内培养，保持空气相对湿度在65%左右。发菌初期，室内温度保持15~18℃，以防杂菌污染。待料面布满蛹虫草菌丝后，将室温调节至20~25℃，经12~14d，菌丝可长满瓶。

5.子座培养

菌丝体成熟后，由白色逐渐转变成橘黄色。此时要求室内增加光照，每天光照时间保持10h以上，以促进菌丝体转色和刺激原基分化。当培养基表面或四周有橘黄色色素出现，聚集有黄色水珠，并有大小不一的橘黄色圆丘状隆起时，预示子座即将形成。此时控制室内温度在19~23℃，提高空气相对湿度至85%~90%。蛹虫草有明显的趋光性，因此在子实体形成之后，应根据情况适当调整培养瓶与光源的相对方向，或调整室内光源方向，使受光均匀，以保证子实体的正常生长，并可提高产量和质量。子实体生长期间保持适当通风，补充新鲜空气，整个培养期不揭去封口薄膜，可在薄膜上用牙签穿刺小孔，以有利于瓶内气体交换。

6.采收

当子实体长至5~8cm高，头部出现鞭裂状花纹，表面可见黄色粉状物时即可采收。采收时，用消毒镊子将子实体从培养基上摘下。采收后在瓶内加入适量水或营养液，10~20d后可长出第二批子座。

四、实训作业

（1）食用菌栽培中使用液体菌种有哪些优缺点？

（2）如何提高瓶栽蛹虫草的产量和质量？

实训指导八 金针菇的栽培

金针菇（*Flammulina velutipes*）又名毛柄金钱菇、冬菇、朴菇、金钱菌、朴蕈等，属担子菌门、层菌纲、伞菌目、白蘑科、金钱菌属。金针菇分布于世界各国，其中以我国和日本产量最多。金针菇肉质脆嫩，味道鲜美，口感好，营养极其丰富。金针菇能利肝，益肠胃，经常食用可预防和治疗肝炎及胃肠道溃疡，降低胆固醇。据测定，金针菇含有18种氨基酸，且含有丰富的精氨酸和赖氨酸，有利于婴幼儿和儿童的智力发育，所以又被称为"增智菇"。

金针菇传统的栽培方法是用段木栽培，现在已很少采用。国内目前最常见的栽培方式为室内袋栽，国外（主要是日本）及国内许多食用菌生产企业则以工厂化瓶栽为主要栽培方式，瓶栽所采用的是专用栽培瓶。我国采用塑料袋栽培，袋口直径大，菇蕾可以大量发生，且透气性好。此外，塑料袋的上端拉直后，既能遮光，又可保湿，起到瓶栽时套袋的作用，可简化工艺，方便操作，降低成本。

传统的金针菇以黄色、淡黄色品种为主，菌柄长，纤维化程度高，栽培仍然停留在家庭作坊式手工操作，靠天吃饭的生产水平，生产操作不规范，单产低，产品品质不稳定。市场上出售的大部分是纯白色的金针菇，纯白色金针菇起源于日本，目前工厂化生产的金针菇基本上都是纯白色金针菇，主要采取现代生产设备和生产技术生产高品质的产品。

一、实训目的

通过金针菇的袋栽实验，使学生掌握金针菇栽培与生产管理的基本方法和技术。

二、实训材料与用具

1.材料用品

锯末屑或棉籽壳、麦麸、石膏、蔗糖、聚丙烯塑料袋、颈圈或无棉盖体、防潮纸、细线绳、金针菇栽培种等。

2.仪器用具

电子秤、量杯、水桶、接种勺、75％酒精棉球、75％酒精消毒瓶、酒精灯、记号笔、火柴等。

三、实训内容与方法

金针菇袋栽工艺流程如下：

配料→装袋→灭菌→接种→培养→搔菌→出菇→驯养→生长→采收

（一）原料的选择

金针菇的代料栽培取材广泛，柳、榆、栎等阔叶树种的木屑、棉籽壳、甘蔗渣等加些辅料均可用于栽培金针菇。

（二）培养料配方

1.培养料配方1

棉籽壳78％，麦麸20％，糖1％，石膏粉1％。

2.培养料配方2

棉籽壳39％，木屑39％，麦麸20％，糖1％，石膏粉1％。

3.培养料配方3

木屑75％，麦麸20％，玉米粉2.9％，糖1％，石膏1％，硫酸铵0.1％。

（三）拌料

按配方称量配方所需的原料，如棉籽壳和麦麸，在光滑水泥地面上撒好主料，先干拌均匀。将蔗糖、石膏等溶于水的辅料溶于水中，搅拌均匀，然后将辅料泼洒在主料堆上，边加水边搅拌，直至混合均匀。拌好后，闷堆30min，使培养料充分吸水均匀，控制培养料含水量为60％~62％，含水量测定方法同栽培香菇。

（四）装袋

将拌好的培养料装入聚丙烯折角塑料袋（规格为17cm×33cm）中，装袋时，先在袋中放入少量培养料撑开塑料袋四角并压实，使袋底呈方形，再装入培养料。装料时要求松紧适宜，袋面保持平整。装料高度为袋高的3/4左右，用塑料套环或无棉盖体封口，最后将塑料袋表面擦净。

（五）灭菌

装好栽培袋后，放入高压灭菌锅内灭菌，灭菌压力为0.13MPa（1.4kgf/cm²），灭菌时间保持1.5~2.0h或常压灭菌,灭菌时间保持8~10h。

(六)接种

灭菌后的栽培袋冷却至25℃左右,即可搬进接种箱或接种室内进行接种,先去除菌种表面的老化菌丝,将菌种捣散后再接种。接种量以布满培养料表面为宜,这样可以使菌丝发菌均匀,料面菌龄一致,出菇整齐。接种方法与接原种相同。

(七)培养

栽培袋接种后,移进22~23℃的培养室内,置于培养架上培养,栽培袋不能堆放过高,一般3~4层即可。培养室要求通风、清洁、黑暗。培养2~3d后,在接种块周围长出白色菌丝,10d左右即可长满料袋的表面。一般每隔10d左右翻堆一次,使发菌一致。经过30d左右的培养,菌丝即可长满菌袋。

(八)管理

1. 搔菌

菌丝长满菌袋后,打开袋口并将袋口向外翻卷,用小铲取出老接种块,压平表面。将菌袋移入出菇室,直立放于床架上,在袋口上盖一层非织造布或纱布。也可采用堆袋覆膜的方法出菇。具体方法:将袋口翻卷至料面,把两个菌袋底部相对平放在一起,高度5~6层,长度不限。在场地及四周喷足水,用塑料薄膜覆盖菌袋。此法保温保湿良好,后期又可积累CO_2,有利于菌柄生长。搔菌后不要同时大幅降温,因搔菌会造成大量伤口,低温不利于其伤口愈合。搔菌后保持室温18~20℃,以利菌丝愈合,3~5d后,料面萌发出一层白色的菌丝。此时再降温至10~12℃,空气相对湿度保持在80%~85%,给予散射光照,进行光诱导。每天定时通风换气,通风次数与时间依气温和天气情况而定。室内空气相对湿度低于80%时应喷水,喷水时向空中和非织造布或纱布上喷雾状水,将非织造布或纱布喷湿,不能直接向料面喷水,以免发生死菇、烂菇,10~14d后,料面即可出现菇蕾。

2. 驯养

料面出现菇蕾后,将菌袋移到驯养室,室内要求温度3~5℃,通风良好,可在菇房安装空调,从不同角度吹风,风速3~5m/s,空气相对湿度为75%~80%。驯养5~7d后,即有菌盖与菇柄的分化。

3. 出菇管理

当菌柄长到3~5cm长时,将翻卷的袋口拉直,同时进行降温降湿,具体措施:停止向地面洒水,室温控制在4℃左右,掀去塑料薄膜等覆盖物,通风换气,保持1~3d,使料面水分散失，不再长出原基，已发育的子实体也因基部失水而不再分枝。促使菌柄长得圆而结实。此后，进入菌柄伸长阶段，为培养色白、盖小、柄长的优质金针菇，必须控制好温度、湿度、光照、CO_2浓度等因素之间的关系。此时控制菇房温度5~8℃，空气相对湿度85%~90%，完全黑暗或极弱光，CO_2浓度控制在0.11%~0.15%。

（九）采收

当菌盖开始展开，即菌盖边缘开始离开菌柄，开伞度在3分左右，菌柄伸长显著减慢时即可适期采收，此时菌盖直径1~2cm，菌柄长13~15cm。用于鲜销的金针菇，可延迟到菌盖6分开时采收，但不可太迟。采收时，一只手按住培养料，另一只手轻轻握住菇丛基部拔下，并用小刀切除黏有培养料的根部。采收前两天降低相对湿度至80%~85%，使菇体表面干燥。采收的鲜菇切忌喷水和浸水，以免影响商品质量。采收后用长镊子将培养基表面的菌膜和枯萎的小菇清除掉，盖上非织造布或纱布等覆盖物进行养菌，经过15~20d，便可采收第二潮菇。

在自然温度条件下栽培金针菇，没有明显的降温和驯养阶段，只要在出菇阶段室温不高于15℃，也能获得品质较好的金针菇。

四、实训作业

（1）金针菇袋栽的基本特点是什么？

（2）金针菇生产过程中出菇管理阶段需要注意哪些问题？

实训指导九 双孢蘑菇的栽培

双孢蘑菇（*Agaricus bisporus*）又名元蘑菇、白蘑菇、洋蘑菇、蘑菇等，属担子菌门、层菌纲、伞菌目、蘑菇科、蘑菇属。双孢蘑菇肉质肥嫩、味道鲜美、营养丰富，含有多种糖类、氨基酸类物质，现代医学发现双孢蘑菇不仅有降血脂、降血压的作用，对病毒性疾病也有一定的免疫作用，所以双孢蘑菇又享有"素中之王"的美誉。

双孢蘑菇最早是在法国开始进行人工栽培的，我国的双孢蘑菇的生产起步较晚，但发展迅猛，目前我国是双孢蘑菇生产和出口第一大国。与其他发达国家相比，我国双孢蘑菇的栽培技术还较落后，机械化生产水平不高，单产较低，这些问题有待进一步解决。

一、实训目的

通过实训实践，使学生掌握床架式双孢蘑菇栽培方法及基本流程和相应的操作技术。

二、实训材料与用具

1. 材料用品

双孢蘑菇栽培种、稻草、干牛粪（或马粪、鸡粪）、石膏、过磷酸钙、尿素、饼肥等。

2. 仪器用具

铡刀、皮管、铁锹、粪叉、水桶、长柄温度计、塑料布、栽培箱、粗和细土粒或草炭土、温湿度计、喷雾器等。

三、实训内容与方法

（一）菇房的设置

菇房应建在地势较高、排水方便、周围环境清洁而开阔的地方，远离饲养场，并有充足的水电资源，交通便利。菇房结构要合理，应坐北朝南，菇房内应通风良好，保温保湿性好。

房间床架因地制宜排列，应与菇房方位呈垂直，一般设5~6层，床架宽窄适中，否则操作不便或利用率不高。床架顶层与屋顶应留一定距离,最下层离地面33cm以上,每层床架的高度约为66cm。菇房内应有通风设备,前后墙留上、中、下对流窗,窗的大小、数目可因地制宜。屋顶中间设置数个排气管,管径20~30cm,管高60~100cm,管口加盖防雨帽。菇房门上挂帘,以防冷风和水分蒸发。

(二)栽培料的制备

栽培料的配方很多,各地用料种类及数量不完全一样。好的培养料营养完全,物理性状好且有适当的碳氮比。培养料发酵前适宜的碳氮比为33:1,二次发酵后碳氮比为17:1。本实验培养料的配比是用干燥、无霉变的稻草2000kg,牛粪1500kg,硫酸铵29.7kg,饼肥45kg,尿素4.6kg,石膏35~50kg,过磷酸钙20~25kg。配方以110m²的出菇面积计算用量。

(三)前发酵

前发酵的主要目的和作用是软化秸秆,并使之分解为利于双孢蘑菇吸收利用的营养物质。

1.建堆日期

根据当地的气候条件和栽培季节选择建堆日期。一般可用当地历年秋季平均气温稳定在25~26℃的大致日期,减去前、后两次发酵所需要的时间,即等于建堆的日期。

2.建堆场地的选择

选择离菇房较近,水源方便,排水良好,避风的水泥地面上建堆最为理想。

3.建堆方法

各地建堆方法大致相同。

(1)稻草的处理。将稻草用铡刀铡成长15~20cm的小段。然后堆积草堆,用清水或0.5%石灰水浇透,再堆放2d,使温度升高,促进秸秆软化。

(2)粪肥的预湿。建堆前先将干牛粪预湿,遇有大块牛粪应先打碎,然后将牛粪用水(或粪水)喷浇,使其充分湿透。

(3)建堆。

①建堆目的:通过料堆中各种微生物的生命活动,使培养料中各种难分解的物质得到分解,有利于蘑菇菌丝的吸收利用;另外,利用微生物生命活动中所产生的生物热,提高堆温,杀死料堆中有害的杂菌、害虫及虫卵,减少蘑菇病虫害的发生。

②建堆方法:先在场地撒一层石灰粉,以杀死各种害虫。在地面铺一层宽2.3m、厚

15~20cm的稻草,然后在上面撒一层厚5~6cm的牛粪(或其他牲畜粪)。此后是一层稻草、一层粪肥,逐层循环堆积,至堆高1.5m。建堆时加入所有的饼肥、硫酸铵及一半的尿素。一般堆料从第三层开始加水,以后每铺一层粪草,喷洒一次水,要求喷洒均匀,用量合适,下层少喷,上层稍多,直到料堆建好后,堆中有少量水外渗为止。

建堆的最后用粪肥封顶,堆的四周保持垂直,堆顶呈龟背形,便于排水,并在不同部位插入温度计。料堆的松紧度要适中,不可过松或过实。用草帘将料堆顶盖好,以防日晒雨淋,遇大雨时,用塑料薄膜将料堆盖好,防止雨水渗入影响发酵质量,雨后揭膜,以利于料堆通气。

(4)翻堆。建堆后料温会逐渐上升到65~70℃,最高可达75℃以上,当温度达到60℃并保持10~12h翻堆一次,堆制过程中共翻堆三次。第一次翻堆在建堆后5d左右,第二次在建堆后9d左右,第三次在建堆后12d左右。翻堆可使料堆各部分温度、湿度趋于一致,发酵均匀。翻堆方法可采用直翻,即从料堆的一头开始将料逐步向前翻转。也可采用横翻,即将整个料堆横向翻动。翻堆时要将表层及四周的料,翻入新堆的中间,原来料堆里面及下层的料翻到表面和上面。使上下、内外各处的料充分调换位置,使料堆各部分发酵均匀一致。

第一次翻堆时,分层加入全部过磷酸钙、石膏粉及另一半的尿素。并适当调整料内的湿度,至料中有少量水分外溢。堆宽缩小为2m,高度不变,翻堆后仍用草帘等物覆盖。

第二次翻堆,方法与第一次相同,翻料时料中的湿度若比较小,需要加水补充。堆宽应缩小到1.8m,高度不变,仍需盖顶保温。

第三次翻堆,方法同前两次,料内湿度为70%左右,用手紧攥料时有少量水滴流出为宜。水分不足时应喷水调整。pH值为7.5~8.0。这次翻堆后的宽度加大到2.3m左右,使料中温度容易升高。

第三次翻堆后,再发酵2d左右,前发酵结束。这时培养料呈咖啡色,含水量65%~68%,含氮量为1.5%~1.8%。

(四)后发酵

后发酵包括巴氏消毒和控温发酵两个阶段。具体措施是通过向菇房加温的方法使菇房内温度尽快上升至62℃,料温达60℃左右,维持5~6h。随后通风,降温至48~52℃,维持4~6d,最后停止加温,通入新鲜空气,使菇房的温度和料温降至25℃左右。后发酵的作用主要有两个:一是在高温条件下,高温微生物将前发酵未完全分解的基质进一步分解；二是高温可进一步杀死培养料中的害虫、虫卵及引起污染的微生物。后发酵的技术措施为：

1. 调节含水量

根据后发酵加热方式和菇房结构特点调节堆料的含水量。一般为68%～72%，土墙菇房、直接加温的，其培养料含水量稍调高些；水泥结构菇房，湿热加温的，培养料含水量偏低些。

2. 菇房消毒

前发酵料进房前必须将菇房打扫干净，墙和床架用石灰浆刷白三次，也可用药剂熏蒸。

3. 进料

选择晴天，关闭菇房内所有通风窗口，尽快将培养料搬入菇房，以防料温下降。培养料应先集中放在中间三层床架上并呈垄式堆放（因上层、下层床架的温度不均）。

4. 加热

菇房加热是后发酵的关键，其方式有多种，可用煤炉加热，有条件时可用通蒸汽的方法加热。为使室内温度均匀，房内可加风扇，加速热空气循环。

后发酵结束时，将上层背风窗口打开，过一段时间后，再打开中、下层窗口，最后全部打开门窗及排气管。料温下降后，结合水分调整，将培养料均匀翻动、分床。后发酵结束后的培养料应呈棕褐色或咖啡色，有大量白色嗜热放线菌，秸秆柔软，易拉断，富有弹性并有特殊香味，无粪臭、无氨味，无腐败和霉味，培养料含水量为63%～65%，pH值为6.8～7.2，含氮量为1.9%～2.2%。

（五）播种

播种前应先检查菌种质量，并将接种用的工具及工作人员的手用75%酒精消毒。目前多用麦粒种，使用麦粒种播种量为450g/m²，适当加大接种量可以缩短菌丝长透培养料所需的时间，并可减少污染。但播种量不宜太大，播种量太大，料面老菌种多，易形成大量粗菌索，对子实体发生不利，又增加成本。

播种方法可以采用层播、混播或穴播。最好是采用混播，将75%的菌种均匀撒在培养料上，随后用手将菌种和培养料拌匀，使麦粒均匀分散在培养料中，再将其余25%菌种均匀地撒在培养料表面上，覆盖一薄层培养料，整平、稍压实即可。

（六）播种后的管理

播种后，料温应控制在24℃左右，若料温上升，应适当通风，当菇房湿度低时，可用喷雾器向墙壁和过道喷水，使床上料面的空气相对湿度保持在70%～80%。

（七）覆土与管理

覆土可以促进子实体的形成，改变培养料中O_2与CO_2的比例和菌丝体的生态环境使菌丝体迅速转入生殖生长阶段。覆土还可以保持基质中的水分，有利于子实体的生长。

1.土质要求

理想的覆土要有团粒结构，孔隙多、保水力强，含有适量腐殖质，这种土壤湿时不黏，干时不散。最好的覆土材料是草炭土，无草炭土时可用沙壤土等材料代替，为了解决保湿与通风的矛盾，沙壤土的颗粒有粗、细两种土粒。

2.土粒消毒

一般先将土过筛，粗土粒如蚕豆大小，直径为2～3cm，细土粒如黄豆，直径为0.5～1.0cm，其中粗土粒约占2/3，细土粒约占1/3。覆土前应将土粒消毒，使用时再将土粒浸入2%～4%石灰水中，待有气泡产生即可迅速捞出静置，让土壤表面水分吸入土粒内。

3.覆土时间

一般播种后12～15d开始覆土，若使用粪草种穴播，两穴菌丝生长连在一起时即可覆土，使用麦粒种混播时，菌丝蔓延至菌床厚度的2/3时覆土。

4.覆土方法

先在料面上覆盖一层相土，一周后待菌丝爬上粗土层的2/3时，再覆细土粒。粗、细土粒层的总厚度为3.0～3.5cm。覆细土粒的时机很重要，如覆盖过早，原基常在细土粒下形成，若覆盖过迟，菌丝又可向上生长形成"菌被"。

5.覆土后的管理

覆土初期仍属发菌阶段，床温应控制在22℃左右，使菌丝尽快爬上覆土层。喷水应以少而勤为原则，维持土粒适宜的含水量，保证床面小区相对湿度适宜是菌丝顺利爬土的关键。

（八）出菇阶段的管理

1.现蕾与喷水管理

覆土后应经常检查菇床，待菌丝爬到粗土粒的2/3时，应降低菇房内相对湿度，加强通风，促使菌丝在粗、细土粒层之间生长，逐渐形成菌索。此时降温至15～16℃，在菇床上即可出现米粒大小的菇蕾，及时喷"出菇水"，持续喷水2～3d。喷水时以粗土上半部吃到水为止，切不可让水流到料里去。当小菇蕾长到黄豆粒大小时应喷"出菇重水"，用水量约 $1.8kg/m^2$，2d 内调足。

喷水管理是项很重要的工作，它关系到产量的高低和质量的优劣。每天喷水次数和每次喷水量应根据菇床上菌丝生长状态、气候条件、菇房保湿通风情况及菌株的特性来决定。当菇床上发生大量子实体时，就需要较多的水分供应，应在适宜的时期喷重水。只要调水时间正确，用水量恰当，则双孢蘑菇的子实体成批生长，出菇的潮次明显，有出菇的高峰期。若经验不足，喷水过多，反而会造成减产。另一种方法是采用轻喷勤喷的方法，逐步地增加菇床上的含水量，即每天的喷水量不多，但天天喷，以满足子实体发育的需要。采用这种调水法床面经常有菇收，但没有出菇高峰期。菇床菌丝生长差，或种菇人员喷水经验不足的，采用此法比较安全。

2.通风换气

出菇期间应注意通风换气。通风换气的时间与次数，同样应根据菇房的结构、保温保湿性能的优劣、子实体发育阶段等因素来决定。外界气温回升时应适当通风。子实体增多增大时应增加通风，风速为 15m/min 左右。

3.光线

双孢蘑菇子实体生长时需要黑暗条件，因此菇房应避光。

4.温度

双孢蘑菇是恒温结实性菌类，出菇温度应控制在 15~16℃，这时子实体发育最快，质量最佳，产量最高。

（九）采收

从现蕾到采收，一般为 4~6d，依床温而定。当菌盖直径长到 2.5~4cm 时即可采收，菇体过大影响质量，还会影响下一潮菇的形成。采菇时用拇指、食指和中指轻轻捏住菌盖旋转拔起，放入已垫好塑料膜的篮或筐内，切勿碰伤菇体。当大、小菇体丛生在一起时，可用刀将大菇切下留下小菇。采菇时若留下孔穴，应该用预先留下的土粒把穴补平。采收后切去菇脚待售。

（十）后期管理

秋菇结束后，应剔除老菌丝，整理床面，补平菇穴。越冬期菇房应以保温、保湿为主，适当通风换气。保持菇床覆土表面不发白，粗土粒略为湿润。第二年春天气温回升时，菌丝即可恢复生长。这时逐渐加大喷水量，采取轻喷、勤喷的方法，使粗土层逐渐湿润。待有大量菇蕾形成之后，选择晴天喷"出菇水"及"出菇重水"。由于我国南北方天气湿度差别较大，应根据菇房湿度的情况决定喷水的多少与喷水次数。每潮菇生长8~10d，间歇5~8d，可出下一潮菇。

四、实训作业

（1）双孢蘑菇栽培工艺与平菇栽培工艺有什么不同？

（2）双孢蘑菇栽培成功的关键技术是什么？

实训指导十　杏鲍菇的栽培

杏鲍菇（*Pleurotus eryngii*）又名刺芹侧耳，杏鲍菇属担子菌门、层南纲、伞南目、侧耳科，原产欧洲南部、非洲北部以及中亚地区高山、草原、沙漠地带的一种品质优良的大型伞菌。

它是近年来开发的一种集食用、药用于一体的珍稀食用菌新品种，具有防癌抗癌的功效，可提高人体免疫力。杏鲍菇菌肉肥厚，质地脆嫩，可以全部食用，特别是乳白色的菌柄，组织结实致密，具有杏仁般的香味，如鲍鱼般嚼劲的口感，而且菌柄也比菌盖更脆滑可口，肉肥厚，质地脆嫩，且具有杏仁香味，适合保鲜、加工和烹调，因此被称为平菇王、干贝菇，深受国内外消费者的欢迎。

杏鲍菇形成原基温度为 10 ~ 18℃，最适宜温度为 12 ~ 15℃。子实体生长一般适温为 10 ~ 21℃，但也有不耐高温菌株，以 10 ~ 18℃ 为宜。我国从 20 世纪 90 年代开始引种栽培，采用的栽培方法是袋栽。目前日本则普遍以工厂化生产的瓶栽模式为主。

一、实训目的

通过杏鲍菇的袋栽实训，使学生了解杏鲍菇的栽培工艺流程，掌握杏鲍菇的栽培方法及生产技术。

二、实训材料与用具

1. 材料用品

棉籽壳、玉米芯、麦麸、石膏、蔗糖、聚丙烯塑料袋（17cm×40cm×0.05cm）、杏鲍菇栽培种、75% 酒精棉球、75% 酒精消毒瓶等。

2. 仪器用具

无棉塑料盖、防潮纸、细线绳、锥形木棒、磅秤、水桶、大镊子或接种勺、酒精灯、记号笔、火柴等。

三、实训内容与方法

杏鲍菇袋栽技术的工艺流程如下：

配料→装袋→灭菌→接种→培养→出菇→采收

（一）培养料配方

1.培养料配方1

棉籽壳80%，麦麸18%，蔗糖1%，石膏1%。

2.培养料配方2

棉籽壳40%，玉米芯40%，麦麸18%，蔗糖1%，石膏1%。

3.培养料配方3

玉米芯80%，麦麸18%，蔗糖1%，石膏1%。

（二）拌料

按配方称量所需原料中的主料（棉籽壳、麦麸等），倒在光滑水泥地面上（地面不光滑可铺一层塑料薄膜），一层棉籽壳，一层麦麸，重复操作，直至混完。将称量好的蔗糖、石膏溶于水中，充分搅拌均匀。然后泼洒在棉籽壳和麦麸堆上，边加水边搅拌均匀。培养料拌好后，闷堆30min，使料吸水均匀，含水量60%~62%。含水量是影响子实体发生的关键，含水量过多，菌丝生长时间长，易感染杂菌，含水量过少，菌丝生长稀疏，出菇少。

（三）装袋

将拌好的培养料装入塑料袋中，边装边压实，袋口用无棉塑料盖封口，最后将塑料袋表面擦净。

（四）灭菌

熟料栽培杏鲍菇需进行灭菌，高压灭菌时压力为0.13MPa（1.4kgf/cm²），保持2h，常压灭菌时100°C，保持10~12h。

（五）接种

灭菌后菌袋冷却至25°C左右即可移入接种箱或接种室内进行接种操作，先去除菌种表面的原基及老化菌丝，将菌种捣散后再接种。接种量以布满培养料表面为好，接种方法与接栽培种相同。

（六）培养

将接种后的栽培袋移入25°C的培养室内，摆放培养架上培养，菌袋不可堆放过高，

3~4层即可，培养室要求通风、清洁、避光，空气相对湿度60%。每隔10d左右翻堆一次，使发菌一致。经过30~40d的培养，待菌丝长满菌袋后去掉无棉塑料盖。将塑料袋口翻卷至接近培养料的表面。

（七）管理

将菌袋移入菇房，创造适宜的出菇条件。菇房温度保持在13~15℃，空气相对湿度控制在85%~90%，子实体发育阶段需加大通风量，保持良好通风、空气新鲜，以利于菌盖生长正常，子实体朵形大、产量高。当温度高于18℃时喷水降温，同时加大通风，避免高温高湿出现烂菇和污染现象。

另外，子实体形成和发育阶段要给予一定的散射光，光照强度为500~1500lx，光线过强，菌盖变黑；光线过暗，菌盖变白，菌柄变长。在适宜条件下10d左右即可出头潮菇。

（八）采收

菌盖平展、孢子尚未弹射时即可适时采收。采收标准根据销售需要而定，出口菇要求菌盖直径在4~6cm，菌柄长10cm左右；采完第一潮菇后，培养14d左右可采收第二潮菇。

四、实训作业

（1）栽培杏鲍菇的技术要点有哪些？

（2）刺激杏鲍菇由菌丝体向子实体转变的过程中温度如何变化？

实训指导十一　白灵菇的栽培

白灵侧耳（*Pleurotus nebrodensis*）又名白灵菇、白阿魏蘑，属于担子菌门、层菌纲、伞菌目、侧耳科、侧耳属。白灵菇子实体洁白，菌肉肥厚，质地细腻，脆嫩可口，味如鲍鱼，是一种高蛋白、低脂肪、富含食物纤维、维生素及多种有益健康的矿质元素的食用菌。具有消积、杀虫、镇咳、消炎和抗肿瘤等功效。白灵菇的商品价值颇高，市场前景广阔。

目前，中国白灵菇栽培以传统栽培为主，因其受自然条件和季节的影响很大，产品不能周年生产，均衡供应，产量不稳定，质量参差不齐，因此，白灵菇工厂化栽培势在必行。白灵菇工厂化栽培采用工业化的技术手段，在相对可控的环境（温、光、气、湿）设施条件下，组织高效率的机械化、自动化作业，实现规模化、集约化、智能化、标准化、周年化生产。白灵菇的工厂化生产集中了食用菌生产的人才、技术及现代新型设备，利用自动化控制、物流信息及资金优势，引领现代化食用菌的生产发展方向。

一、实训目的

通过白灵菇袋栽和瓶栽实训，使学生掌握白灵菇的生产工艺流程、栽培方法和相关生产技术。

二、实训材料与用具

1.材料用品

棉籽壳、麦麸、石膏、蔗糖、聚丙烯塑料袋（17cm×33cm×0.05cm）、白灵菇栽培种等。

2.仪器用具

无棉塑料盖、防潮纸、细线绳、食用菌打孔棒、磅秤、水桶、大镊子或接种勺、75%酒精棉球、75%酒精消毒瓶、酒精灯、记号笔、火柴等。

三、实训内容与方法

白灵菇袋栽工艺流程如下：

配料→装袋→灭菌→接种→培养→后熟→低温处理→出菇→采收

（一）培养料配方

1.培养料配方1

棉籽壳80%，麦麸18%，蔗糖1%，石膏1%。

2.培养料配方2

棉籽壳70%，玉米芯7%，锯木屑10%，麦麸5%，玉米粉5%，石膏1%，石灰2%。

（二）拌料

拌料方法与栽培香菇时相同。

（三）装袋

将拌好的培养料装入聚丙烯袋中，装料时要求松紧适宜，装满袋后用塑料食用菌打孔棒打孔，用无棉塑料盖封口，最后将塑料袋表面擦净。

（四）灭菌

采用熟料栽培白灵菇，培养料高压灭菌的压强为0.13MPa（1.4kgf/cm^2），保持1.5~2.0h，或常压灭菌即100℃，维持10~12h。

（五）接种

栽培袋冷却到25℃左右，即可移入接种箱或接种室内进行接种，先挖去菌种表面老化的菌丝体，将菌种捣散后再接种。接种量以布满培养料表面为好。接种方法与接原种相同。

（六）培养

接种后的栽培袋，移进23~25℃的培养室内，摆放于培养架上培养，栽培袋不能堆放过高，一般3~4层，培养室要求通风、清洁、避光。每隔10d左右翻堆一次，使发菌一致。经过40d左右培养，菌丝即可长满菌袋。长满菌丝的菌袋必须经过后熟处理，即将菌袋在20~22℃下继续培养30~35d完成菌袋后熟。不经后熟处理的菌袋，基本不能出菇。

（七）低温处理

将经后熟培养后的菌袋放至0~5℃下进行低温处理，作用在于促进子实体的生长发育，提高生物学效率。低温处理时间的长短对白灵菇的产量、子实体单朵重及菌盖形态均有明显的影响。低温处理以7d为宜。

（八）出菇管理

经过低温处理的菌袋，应及时移入菇房，去掉无棉塑料盖，将塑料袋口翻卷至接近培养料的表面。菇房温度保持在13～15℃，空气相对湿度控制在85%～90%，子实体发育阶段要加大通风量，通气不畅，氧气供应不足，菌柄过分膨大，抑制菌盖分化，易产生畸形子实体。此外，子实体形成和发育阶段要给予一定的散射光，适宜的光照强度为200～500lx。

（九）采收

当菌盖完全展开时就应采收。过早采收，产量低，过迟采收，品质下降。

（十）采后管理

采完第一潮菇后，通过补水或覆土的方法，增加菌袋内的含水量。覆土方法为：将菌袋脱袋，埋入湿土中，注意浇足底水。此外，也可采用墙式覆土方法，将菌袋脱袋后，一层泥土，层菌袋，摆放4～5层，最上面用泥土封顶，再用塑料薄膜覆盖保湿。经补水或覆土后，过一个月左右，菌袋开始出菇，出菇管理方法与第一潮菇相同。

四、实训作业

（1）白灵菇栽培的特点是什么？

（2）白灵菇栽培过程中出菇管理需要注意哪些事项？

实训指导十二　真姬菇的栽培

真姬菇（*Hypsizigus marmoreus*）又名玉蕈、斑玉蕈，商品名称有蟹味菇、海鲜菇、鸿喜菇等，属担子菌亚门、层菌纲、伞菌目、白蘑科、玉蕈属，是一种大型木质腐生真菌。真姬菇是近年来风靡日本市场，深受消费者青睐的食用菌珍品。该菇形态美观，质地脆嫩，味道鲜美。在日本，它享有"闻则松茸，食则玉蕈"之誉。

真姬菇属于变温结实性食用菌，菌丝体生长温度范围为9~30℃，适温22~25℃；子实体原基分化温度4~18℃，生长适温为10~14℃。培养料适宜pH值为6.5~7.5，含水量65%左右为宜。子实体发育时，菇房相对湿度应为90%~95%为宜。栽培方式有瓶栽和袋栽，以袋栽为主。

一、实训目的

通过真姬菇袋栽生产实训，使学生掌握真姬菇生产工艺流程、栽培方法及生产技术。

二、实训材料与方法

1.材料用品

棉籽壳、玉米粉、麸皮（或米糠）、石灰、石膏粉、碳酸钙或硫酸钙、聚丙烯塑料袋（17cm×40cm×0.05cm）、真姬菇栽培种等。

2.仪器用具

无棉塑料盖、防潮纸、细线绳、锥形木棒、磅秤、水桶、大镊子或接种勺、75%酒精棉球、记号笔、酒精灯、火柴等。

三、实训内容与方法

真姬菇袋栽工艺流程如下：

原材料选择→培养基制作→装袋→灭菌→接种→发菌→搔菌、注水→催蕾→出菇→采收

（一）培养料配方

1.培养料配方1

棉籽壳80%，麦麸18%，蔗糖1%，石膏1%。

2.培养料配方2

棉籽壳40%，木屑38%，麸皮10%，玉米粉10%，碳酸钙或硫酸钙1%，石灰1%，pH值为7.5，含水量65%。

3.培养料配方3

木屑77%，米糠（或麸皮）20%，白糖1%，石膏粉1%，石灰1%，含水量65%，pH值为7.5 。

4.培养料配方4

棉籽壳85%，米糠（或麸皮）10%，白糖1%，石灰3%，石膏粉1%，含水量65%，pH值为7.5。

（二）拌料

按配方称量所需要的棉籽壳、木屑、麸皮和玉米粉等。在光滑水泥地面上将主料分层撒放，直至混完。将所需的碳酸钙或硫酸钙、白糖、石膏溶于水中，充分搅拌均匀。然后泼洒在主料堆上，边加水边搅拌，直至均匀。培养料拌好后，闷30min，使料吸水均匀，最后含水量60%～65%，pH值为6.5～7.5。含水量是影响出菇的关键指标，含水量过少，菌丝生长稀疏，出菇少；含水量过多，菌丝生长时间长，易感染杂菌。

（三）装袋

将拌好的料装入聚丙烯塑料袋（17cm×40cm×0.05cm）中，边装边压实，装至菌袋2/3处即可，套圈封口袋装好后，及时套圈，用包装线扎紧袋口最后将菌袋表面擦净。装袋时要小心，防袋破损。

（四）灭菌

真姬菇熟料栽培生产采用高压蒸汽灭菌，压强为0.1MPa（1kg/m^2），保持2h，或常压灭菌100°C，维持10～12h。

（五）接种

菌袋灭菌后冷却，当温度降至30°C以下时移出接种室接种。接种前，用高锰酸钾溶液洗涤栽培种瓶外壁，接种人员做好消毒后进入接种室。先挖去菌种表面的原基及老化菌丝，将菌种捣散后再接种。接种量以布满培养料表面为好，接种方法与接种栽培相同。接种真姬菇发菌时间长，接种过程必须严格无菌操作。

（六）培养

将接种的菌袋立即放入培养室，保持培养室的温度在22～25℃，避光培养。培养过程中，从菌袋中排出的二氧化碳浓度，在接种后17～20d达到最高，因此，培养室要适当通风换气，将室内CO_2浓度保持在0.4%以下。经40d左右菌丝长满，再进行30d左右后熟培养，菌丝分泌浅黄色素时，才达到生理成熟。

（七）搔菌

搔菌的目的是促进菌床表面形成菇蕾，是真姬菇栽培中的重要一环，搔菌的好坏影响子实体的形成和产量。

搔菌时采用专用搔菌机，促进培养料基面受到机械作用的刺激促使菌丝从营养生长向生殖生长转移，将培养料面中央用爪形刀刃旋转压下，主要将培养基料面四周搔除，形成环沟，环沟距瓶口的距离为15～20mm，使料面呈圆丘状，搔菌后，为了防止出菇初期培养料面过于干燥，采取菌瓶内注水的方法，约1h后充分倒掉，使环沟内不要有积水，否则，不仅会推迟菌丝的恢复与再生，还会增加受细菌等杂菌污染的概率。

（八）催蕾

催蕾是通过调节温度、湿度、气体、光线等条件，促使真姬菇尽快现蕾的一种出菇方法。

搔菌、注水、排水结束后，把栽培袋放在14～16℃、相对湿度90%以上的环境中，使菇蕾形成。此过程中要用有孔的塑料薄膜等覆盖表面，既能表面保湿，又能通风换气。室内二氧化碳浓度控制在0.1%～0.2%。

（九）出菇

1. 温度控制

一般来说，8～10℃的温差刺激有利于其子实体的快速分化，并可以增加原基密度。子实体分化发育的适宜温度为12～18℃，最适为14～16℃，在8℃以下、22℃以上难以分化出子实体。

当原基或菇蕾出现以后，栽培库房的温度应控制在14～16℃。

2. 空气相对湿度

子实体分化发育期间要求空气相对湿度控制在85%～95%。

3.气体

二氧化碳浓度控制在0.3%以下，适当通风换气。

4.光照

菇蕾形成的初、中期需要50~100lx的光照，菇蕾出现的后期需要100~200lx的光照。出菇房内应每天开灯10~15h，白天关灯，晚上开灯或者间歇开关灯。出菇房的光照强度更高（500lx以上）时菇盖颜色较深、菇柄与菇盖比例适中、菇柄长度和粗度相宜。

（十）采收

菌盖长到1.5~4cm时及时采收。采收时，一手按住菌柄基部培养料，一手握住菌柄，轻轻地将整丛菇拧下来。采完第一潮菇后，及时将料面上残留的菌柄、死菇及碎片等清除，并进行补水管理，以便下一潮菇的出菇。

四、实训作业

（1）简述真姬菇袋栽的技术要点有哪些？

（2）查找资料找出栽培真姬菇的其他配方（至少5个）。

实训指导十三　滑菇的栽培

　　滑菇（*Pholiota nameko*）又名滑子蘑、光帽鳞伞、光滑锈伞、珍珠菇等。滑菇营养丰富，鲜嫩可口，黏滑多胶，是美味菜肴，颇受国内外消费者青睐。目前是我国主要出口品种，产量位居前列。

　　滑菇是分解木质素、纤维素能力较强的木腐菌。要求的营养物质主要是碳水化合物、含氮有机物、矿物质及生长素。滑菇属低温型菌、变温结实性。菌丝体20~25℃，出菇温度7~15℃。子实体分化时要求7~22℃的温差。培养料含水量为60%~65%，发菌期空气相对湿度60%~70%，出菇期空气相对湿度85%~95%。

一、实训目的
　　通过滑菇半熟料块栽技术，使学生掌握滑菇生产的工艺流程与栽培方法和相关技术。

二、实训材料与用具
1.材料用品
　　木屑、玉米芯、豆秸粉、米糠、麦麸、石膏、滑菇栽培种等。
2.仪器用具
　　聚丙烯塑料袋、无棉塑料盖、防潮纸、细线绳、锥形木棒、磅秤、水桶、大镊子或接种勺、75%酒精棉球、酒精灯、记号笔、火柴等。

三、实训内容与方法
　　滑菇半熟料块栽工艺流程如下：

　　配料→蒸料→做块播种→培养→搔菌→出菇→采收

（一）培养料配方
1.培养料配方1
　　木屑85%，麦麸14%，石膏1%。

2.培养料配方2

木屑50%，玉米芯粉35%，麦麸14%，石膏1%。

3.培养料配方3

木屑54%，豆秸粉30%，麦麸15%，石膏1%。

4.培养料配方4

木屑49%，作物秸秆粉40%，米糠（麦麸）10%，石膏1%。

（二）配料

将符合标准的木屑、麦麸和玉米芯等主料混合均匀，把石膏溶于水后均匀地撒在拌匀的干料上，闷30min后，使含水率达58%~60%，将加水后的混合物放入蒸锅内进行蒸料。

（三）蒸料

1.制作蒸料锅

生产滑菇蒸料用的蒸锅可用厚1~1.5mm的铁皮焊成。一般锅的直径为1.2m，高1.0m，每锅一次可蒸料500kg。

2.备足培养料

一般每生产1000块滑菇大致要准备2000kg的主料（木屑、玉米芯、豆秸等），400kg的辅料（麦麸或米糠），20kg的石膏。

3.蒸料

配制好的培养料必须经过蒸料处理，其目的一是软化培养料，使高分子有机化合物降解为低分子有机化合物，便于菌丝的吸收利用；二是可杀死部分杂菌和害虫，使之减少病虫害的发生。

蒸料时，锅上放入铁帘或结实的竹帘、木帘。向锅内注水，水面距帘20cm，帘上铺放经编袋或麻袋片，用旺火把水烧开，然后往帘上撒培养料。随着蒸汽的上升，以后哪里冒蒸汽就往哪里撒料，不要一次撒得过厚。整个蒸料过程应按"见气撒料"的要求进行，一直撒到离锅上口10cm处为止。用较厚的塑料薄膜和帆布（或麻袋片）把锅包盖，外边用绳捆绑结实。锅大开后，塑料鼓起，呈馒头状，这时开始计时（锅内料温100℃），保持2~3h后即可停火，再焖2h，经过蒸料过程培养基的含水率会增加到62%~63%，便可出锅。

（四）出料冷却

培养料经过蒸料后，需要趁热出锅，用塑料薄膜在托帘上包料。包好的料包运到干净的室内或棚内进行冷却，待料温降到25℃以下时，做块播种。

（五）做块播种

先将木框放在托帘上，再将料包放在木框中打开、整平，把菌种均匀地撒在培养料表面，每块播种量1瓶（500mL罐头瓶）或1/4袋（17cm×33cm的菌种袋）栽培种。然后用木板压实，立即包严。播种结束后将菌块搬到菇棚内上架养菌。（应在早春气温低的时候进行接种，可极大限度地减少杂菌污染，原则上在气温回升至0摄氏度即可进行接种）

（六）养菌期管理

播种10d左右，菌块上的白色菌丝开始向料内生长，大约一个月左右培养料表面可长满白色菌丝，两个月左右菌丝穿透整个培养料，形成一个不松散的整体。

（七）发菌管理

1.发菌前期

从接种到滑菇菌丝长满培养料，需15～25d，接种后上面及四周覆盖草帘，农作物秸秆等，防止菌盘冻结。此期间管理重点是：既要保温又要通风换气，保持盘与盘之间温度在3～7℃，最佳温度为4～6℃。一般在发菌前每一周倒垛一次，将位于垛上部的菌盘倒至底部，原来底部的菌盘移到上部，发菌前期应倒垛2～3次。

2.发菌中期

菌丝体基本长满到穿透整个菌袋的时期。此期间温度缓慢回升，中午最高温度可达15℃，因此进入发菌中期，应注意菇房内通风换气，确保菌丝有充足的氧气供应，此期间需25～30d。

3.发菌后期

菌丝体穿透整个培养基到表面形成橘黄色蜡质层的期间。管理的重点：增加菇房内散射光线，促进蜡质层的正常形成。继续保持菇房正常通风。要给菇棚降温，可通过加大遮阴度来解决，也可以通过向菇棚内外喷洒井水来实现降温。

（八）打包划面

打包时间通常在8月下旬，距出菇时间30～40d。打包之后，必须将菌块表面形成的一层硬的锈红色膜层划破，称为划面。划面的工具可用锯条、刀形铁器或圆钉制成小耙。

用消毒的水果刀每隔3cm划开蜡层，共划6～7行，根据蜡层的厚度确定划面深度，一般为0.2～0.5cm。

（九）出菇管理

1. 水分

开盘划面后4~5d内，不要喷水，主要是向空间和地面喷雾状水，保持湿润，将环境湿度增大到85%~90%，3~4次/d。待划口长出新生菌丝体后进行喷水管理。从第6d开始，向表面喷水，增加一次夜间喷水，时间可在晚8~10点，或凌晨2~3点，使菌盘含水率在15~20d内达到70%。

2. 温差刺激，加强通风

温差刺激后，10~15d菌块即可形成原基。此时应勤喷水，空气相对湿度85%~90%。增加散射光照射的时间，以促进出菇整齐。加强通风换气，降低菇房内二氧化碳浓度，保持菇房内空气新鲜。

在正常情况下，打包划面浇水后，大约30d，菌丝即可开始扭结，菌块表面出现白色原基，逐渐形成黄色的幼菇，经过8~10d即可采收。

（十）采收

当子实体菌盖尚未展开、菌膜没有破裂、菌盖直径1~2cm、柄长2~3cm时，就可以采收。采收时应注意：采大留小，注意不要伤到小菇蕾。采完一潮菇后，清理掉死菇和残菇碎片，停止喷水4~5d，待伤口上菌丝恢复生长后，再喷水保湿，诱导下一潮菇长出。

四、实训作业

（1）打包划面的目的是什么？

（2）设计滑菇熟料栽培的工艺流程，并简述操作技术要点。

实训指导十四　猴头菇的栽培

猴头菇（*Hericium erinaceus*）隶属于非褶菌目、猴头菌科、猴头菌属。因子实体肉质松软细嫩、块状、头状，似猴子的头而得名，俗称猴头、猴头菌、猴头菇蘑等，是我国著名的食用兼药用菌。

猴头菇是低中温型恒温结实性的菌类。菌丝生长要求的温度范围6～30°C，最适生长温度为23～25°C。子实体分化温度为5～24°C，以12～18°C较适宜。子实体生长温度为12～24°C，以18°C左右最为适宜。猴头菇是喜湿性菌。菌丝体生长阶段要求培养料的含水量为60%～70%，空气相对湿度为60%～65%。子实体发育阶段需水分较多，培养基中的含水量以65%为好，空气相对湿度为85%～90%较适宜。在拌料时常把pH值调至5.4～5.8。

猴头菇的栽培有段木栽培和代料栽培两种方法。段木栽培现仅为少数研究单位试验用和极少数山区栽培。代料栽培主要采用瓶栽法和袋栽法。猴头菇瓶栽发菌快、出菇早、生产周期短，因此是栽培猴头菇的最普遍的方法之一。

一、实训目的

通过猴头菇的生产实训，使学生掌握猴头菇生产工艺流程、栽培方法及生产技术。

二、实训材料与用具

1.材料用品

棉籽壳、木屑、米糠、麸皮、石膏、蔗糖、玉米芯、石膏粉、尿素、猴头菇栽培种等。

2.仪器用具

玻璃瓶、无棉塑料盖、防潮纸、细线绳、锥形木棒（或菌棒）、磅秤、水桶、大镊子或接种勺、75%酒精棉球、酒精灯、记号笔、火柴等。

三、实训内容与方法

猴头菇袋栽工艺流程如下：

配料→装瓶→灭菌→接种→培养→出菇→采收

（一）培养料配方

1. 培养料配方1

棉籽壳86%，米糠5%，麸皮5%，过磷酸钙2%，石膏粉1%，蔗糖1%。

2. 培养料配方2

棉籽壳55%，米糠10%，麸皮10%，棉籽饼6%，玉米粉5%，木屑12%，过磷酸钙1%，石膏粉1%。

3. 培养料配方3

甘蔗渣78%，米糠10%，麸皮10%，蔗糖1%，石膏粉1%。

4. 培养料配方4

玉米芯50%，木屑15%，米糠10%，麸皮10%，棉籽饼8%，玉米粉5%，蔗糖1%，石膏粉1%。

5. 培养料配方5

玉米芯76%，麸皮12%，米糠10%，蔗糖1%，石膏粉1%。

6. 培养料配方6

木屑78%，米糠10%，麸皮10%，蔗糖1%，石膏粉1%。

7. 培养料配方7

稻草或麦秆60%，木屑16%，米糠10%，麸皮10%，蔗糖1%，石膏粉1.5%，尿素0.5%。

（二）拌料

玉米芯（需打碎）、麸皮、米糠等要新鲜无霉变。木屑要剔除小木片、断枝条和其他硬物。

在配制培养料时，要求主料和辅料混合干拌均匀，蔗糖和石膏用水溶解后分次加入，堆闷30min，使培养料充分吸水均匀。培养料的含水量应严格掌握在55%～65%，水宁少勿多。调节pH值至5.4～5.8，常采用0.2%的柠檬酸调节酸碱度，切忌在配料中加入石灰，不能使培养料的pH值偏碱性，否则不利于猴头菇的生长。

（三）装瓶

将拌好的培养料立即装瓶。装瓶时一般要把培养料装至瓶肩处，离瓶口约2cm，这样既有利于菌丝的后期生长和早出菇蕾，又利于形成的菇蕾很快伸长到瓶口外，接触到新鲜空气后良好地生长。

装好瓶后，用一根直径2~2.5cm的一头钝尖的木棒（或菌棒），在瓶内料面中央向瓶底打下一孔，以便今后接种方便。同时料中有一孔，有利于接种后菌种的定植和均匀发菌。然后把瓶口和瓶外沾上的培养料擦除掉，用棉塞或塑料薄膜封住瓶口。

（四）灭菌

采用常规高压蒸汽进行灭菌，121°C维持150min。注意，装料瓶不要摆放得太挤，以免影响灭菌效果。

（五）接种与菌丝培养

待瓶子的温度降至30°C时，即可在消过毒的接种箱内或超净工作台上接种。严格进行无菌操作。接种室应干燥、无尘土、气温低，接种时的温度一般不超过27°C，有利于减少杂菌污染。

接猴头菇菌种时，把菌种接入瓶中的接种穴时，用周围的培养料轻轻覆盖住。这样做一方面可以促进菌种尽快定植、均匀发菌；另一方面还可防止猴头菇菌种在瓶中未发好菌就提前产生菇蕾，造成栽培上的失败。

（六）菌丝培养

接种后将料瓶移入发菌室，避光黑暗培养。室内温度掌握在20~25°C的范围内，空气相对湿度以60%~65%为宜。早春气温低，应注意室内升温，秋季则要降温防止"烧菌"。在发菌期间要经常进行翻堆、检杂、通风换气。一般经25~30d，菌丝长满菌瓶，即可进行催蕾出菇。

（七）催蕾与出菇

将长满菌丝的菌瓶转到菇房或室外荫棚，从菌瓶的瓶口处松开薄膜，进行催蕾出菇。此时温度应降至15~18°C，通过空间喷雾。地面洒水及空中挂湿草帘等方法加大湿度，加强通风，并增加散射光照，2d后又遮阳。这样人为造成温、光、气、湿等条件的改变，促使菌丝转向生殖生长，几天后从瓶口处出现白色突起物的菇蕾。

现蕾后要及时将薄膜揭去，采用层架立式出菇或卧式堆叠墙式出菇，瓶栽则将上下两层的菌瓶瓶口交叉放置，有利于扩大子实体生长空间，防止子实体互相粘连。出菇房的适宜温度应在15~20℃，空气相对湿度保持在85%~90%，不能直接对子实体喷水，以防伤水、烂菇。

随着子实体从小长大，光照强度可控制在200~500lx，这样子实体生长健壮，圆整，色泽洁白，商品价值提高。光照过强，子实体色泽微黄至黄褐，从而使品质下降。

（八）采收及后期管理

菌丝体充满菇心，形状圆整，肉质坚实，色泽洁白，外表布满短菌刺，即可采收。采收时右手握住子实体基部，左手指按住菌瓶，轻轻扭动，连同菌蒂一同拔出，小心放到指定位置。

采收后，应立即对料面进行清理和搔菌，即用小刀或小耙子清除料表面残余的子实体基部、老化的菌丝。覆盖瓶口，停止喷水1~2d，加强通风换气，然后再喷水保湿，使空气相对湿度保持在70%左右，在出菇房或菇棚进行"养菌"。约1周后，可再次催蕾，进入下一潮菇的管理。瓶栽一般可以收两潮菇，袋栽一般可出3~4潮菇，后两潮若用覆土处理，可提高产量。

四、实训作业

（1）猴头菇菌丝培养期间和出菇阶段喷水或浇水应注意哪些原则？

（2）出菇阶段猴头菇菌刺颜色发暗，造成猴头畸形的原因是什么？

实训指导十五　银耳的栽培

银耳（*Tremella fuciformis*）为真菌门、担子菌亚门、层菌纲、银耳目、银耳科、银耳属，又称白木耳、雪耳、银耳子等，子实体纯白至乳白色、胶质、半透明、柔软有弹性。它被人们誉为"菌中之冠"，是营养滋补佳品。

银耳栽培时需有伴生菌（香灰菌）来帮助其分解纤维素和木质素，把银耳菌丝无法直接利用的材料变成可被利用的营养成分，这也是银耳栽培的一个重要特征。银耳属中温性真菌，抗寒力很强。菌丝（包括银耳芽孢和香灰菌丝）20～28℃生长正常，23～26℃生长较好，低于18℃或高于28℃菌丝纤弱，如长期超过28℃，菌丝生长不良，并大量分泌黄水。菌丝体培养最理想的温度应为23～26℃。子实体分化的温度在16～28℃之间，低于16℃生长迟缓，高于28℃分化不良。银耳是弱酸性真菌，pH值应控制在5.2～5.8。

一、实训目的

通过银耳袋栽生产实训，使学生了解银耳栽培工艺流程，掌握银耳栽培的方法及主要技术。

二、实训材料与用具

1.材料用品

棉籽壳、麦麸、黄豆粉、石膏粉、蔗糖、银耳栽培种等。

2.仪器用具

大镊子、铁锹、塑料薄膜、75%酒精消毒缸、75%酒精消毒棉球、聚丙烯塑料袋（17cm×33cm×0.05cm）、酒精灯、火柴、喷壶等。

三、实训内容与方法

银耳袋栽工艺流程如下：

配料→装袋→灭菌→接种→培养→出菇→采收

（一）培养料配方

1. 培养料配方 1

棉籽壳 80%，麦麸 15%，石膏粉 1.5%，蔗糖 0.5%。

2. 培养料配方 2

棉籽壳 80%，麦麸 15%，黄豆粉 2.3%，蔗糖 1.2%。

3. 培养料配方 3

木屑 78%，麦麸 19%，蔗糖 1%，过磷酸钙 1%，石膏 1%。

4. 培养料配方 4

木屑 40%，棉籽壳 37.6%，麦麸 20%，石膏粉 2%，硫酸镁 0.4%。

（二）拌料

培养料配制时，先将主料干料搅拌均匀，再将配方中的蔗糖、过磷酸钙、硫酸镁等少量辅料先溶于水中，以溶液的形式添加。按 100kg 干料，配入清水 100～110kg，然后反复搅拌，放置 30min。含水量掌握在 60% 左右。检查办法：手抓培养料紧握，如手指缝间有水渗出，但以不滴下为宜。pH 值在 5.2～5.8 之间即可。

（三）装料打孔

将原料拌匀，及时装入 17cm×33cm×0.05cm 的聚丙烯塑料袋中，装至菌袋容积的 2/3 为宜。也可采用装袋机，要装紧实，然后用纱线把袋口扎紧。装好后，开始打接种穴，可用专用打孔器或木棒。在袋子正面打 3～4 个接种穴。穴口直径 1.2cm、深 1.5cm。打完后，用布擦去表面培养料，在接种穴贴上 3～5cm² 左右的小方块胶布封口。

（四）消毒灭菌

培养料装袋后，立即送进常压灭菌灶的蒸仓内，要求旺火猛攻，使蒸仓内温度尽快上升至 100℃，并恒温 15～18h，中途不停火，不降温。发现料袋穴口胶布翘起或破损，应立即用胶布加以贴封。也可采用高压蒸汽灭菌（温度 121℃，时间 150min）。

（五）接种

袋料灭菌散热后，待温度降到 30℃ 以下时方可接种。接种前要做好接种室和工具的消毒，操作人员注意卫生。打开穴口胶布后，必须迅速把菌种接到穴内，减少在空气中暴露的时间。用接种匙伸入接种瓶中，把菌种上下搅拌，使两种菌丝混合均匀，这样才能确保出菌。接种最好选择晴天下午或凌晨进行，此时温度低，杂菌处于休眠，传播力弱，接种安全。

（六）银耳栽培管理

1. 发菌阶段

栽培室要保持一定散射光。先将培养温度调至27~30℃，3~4d，以利香灰菌丝生长，为银耳制造可吸收利用的养分，以后将温度降至24~26℃，以利于银耳菌丝的生长，抑制香灰菌丝。发菌期一般14~18d即可见原基的前体——白毛团。

从接种起，一般12~15d，接种穴内就会出现吐黄色水珠的现象，这是菌丝发育新陈代谢的表现，也是出耳的预兆，要及时把黄水珠吹散于穴口处，或用棉花擦去。也可把袋子朝着穴口的侧向，让黄水自由流于袋边。此时要把穴口上的胶布全部撕掉，换上无菌的报纸，整张覆盖于袋面，并用喷雾器在纸上喷水加湿，促进出耳。

2. 出耳阶段管理

通常到第16d就在穴口上出现碎米状晶莹的耳芽，很快生长。1~2d后要把穴口四周薄膜剪去1cm，扩大出耳口，使培养基内增加氧气，18d全部出耳，室温以23~25℃为好，喷水保持湿润不干涸，相对湿度以85%~95%为好，并保持空气流畅新鲜。

出现白毛团后，要将温度降至20~24℃，增加通风，并喷雾状水，使耳房空气相对湿度提高至90%左右。接种18d以后即可见子实体原基。原基出现后要加大通风量，切忌高温。

（七）采收与加工

银耳长到直径12~15cm时，即可采收。若遇阴雨天可延长5d收割，但要停止喷水。成熟的银耳子实体形似菊花，个大如碗，色白晶莹，没有小耳蕊，耳片舒展，具有弹性，采收时用利刀从耳基处整朵割下，切勿割破朵形。

若遇阴雨天可采用微火烘干，火温50~60℃，烘时先烘蒂头，待稍后再翻动烘干上部，鲜耳晒干率一般为15%，干品易潮，用塑料薄膜袋包装，放于干燥仓库储存。

四、实训作业

（1）试分析出菇阶段出现烂耳的原因有哪些？如何避免？

（2）栽培过程中如何提高银耳的品质和产量？

实训指导十六　茶树菇的栽培

茶树菇（*Agrocybe aegerita*）作为一个独立的种，隶属于担子菌亚门、层菌纲、伞菌目、粪锈伞科、田头菇属（田蘑属）。茶树菇营养丰富，蛋白质含量高达19.55%。所含蛋白质中有18种氨基酸，总氨基酸含量为16.86%，特别是含有人体所不能合成的8种氨基酸。现代医学研究表明，茶树菇由于含有大量的抗癌多糖，其提取物对小白鼠肉瘤和艾氏腹水癌的抑制率高达80%～90%，可见有很好的抗癌作用。因此，人们把茶树菇称作"中华神菇""保健食品""抗癌尖兵"。

茶树菇生长在温带至亚热带地区，因此该菌较抗高温也能耐低温。其菌丝最适温度范围为18～28℃。茶树菇属恒温结实性菌类，出菇不需要温差刺激，其子实体形成温度为13～28℃，最适温度为18～24℃，20℃时出菇速度快。子实体形成时，要求空气相对湿度较高，待出菇后降至85%则有利于子实体的生长发育。最适pH值为5.5～6，栽培时一般可采用自然pH值，但要防止偏碱性。

一、实训目的
通过茶树菇袋栽，使学生了解茶树菇栽培工艺流程，掌握银耳栽培的方法及主要技术。

二、实训材料与用具
1.材料用品
棉籽壳、杂木屑、玉米芯、玉米粉、麸皮或米糠、石膏、茶树菇栽培种等。
2.仪器用具
磅秤、无棉塑料盖、颈圈、细线绳（或皮套）、锥形木棒（或菌棒）、水桶、聚乙烯塑料袋（17cm×33cm×0.05cm）、大镊子或接种勺、75%酒精棉球、酒精灯、火柴、记号笔等。

三、实训内容与方法
茶树菇熟料袋栽工艺流程如下：

配料→装袋→灭菌→接种→培养→出菇→采收

（一）培养料配方

1.培养料配方1

棉籽壳70%，硬杂木屑9%，麸皮20%，石膏1%，含水量约为60%，pH值为中性。

2.培养料配方2

棉籽壳89%，麸皮8%，玉米粉2%，石灰粉1%，含水量约为60%，pH值为中性。

3.培养料配方

硬杂木屑30%，棉籽壳30%，玉米芯20%，麸皮或米糠19%，石膏粉1%，含水量约为60%，pH值为中性。

（二）配料

先将棉籽壳、木屑与麸皮、石膏等干拌均匀，将石灰溶于水中，边拌边加水，翻拌至均匀，无成团结块现象。含水量60%，即指缝间有水痕而无水珠下滴，伸开手指能成团，落地即散。

（三）装袋

选用低压聚乙烯塑料袋，每袋装料湿重720～750g，装料时松紧适度，装料高度为菌袋2/3处，料面表面平整压实，中间插入菌棒，及时套上颈圈并塞好棉塞（也可用编织线扎紧），防止水分蒸发散失。

（四）灭菌

常压灭菌：装袋完后需当天进灶灭菌，菌袋间及四周要留有空隙，以利蒸汽流通。起火后快速升温，尽量在4～6h内升温至90°C左右，此时进行排冷气操作，打开排气孔，直至冒出很烫的热气为止。当升温达100°C（菌袋内温度）时记录时间，100°C保持灭菌14h以上，停火，闷过夜。灭菌结束后，待锅内温度降至60～70°C时，趁热搬运菌袋至接种室内。

如采用高压蒸汽灭菌则需选择聚丙烯塑料袋，灭菌温度选择121°C，时间维持150min。注意灭菌锅内菌袋不要摆放过密，以免灭菌不彻底。

（五）菌袋接种

灭菌后当料温降至30°C以下才可进行接种。接种箱或接种室需经消毒完全，接种量为每瓶接30～40袋。接种时一般两人一组，一人解开袋口，一人接种。菌种尽量呈块状，避免过碎以防死种。接种时动作要迅速，轻拿轻放。严格遵循无菌操作。

（六）菌丝培养

接种后将菌袋移入培养室避光培养。茶树菇菌丝恢复时间长，吃料慢，且易发生杂菌虫害，因此接种后注意培养室清洁、干燥和通风换气，防止高低温的影响，促进菌丝均匀生长。培养期间定期检查，发现杂菌污染的菌袋，及时搬出处理，防止扩散。一般接种后30～40d菌丝即可长满菌袋。培养期间控制室温为23～25℃，适时、适量通风。

定期检查与翻堆。菌丝长满料面后，菌丝开始旺盛生长，呼吸量随之增强，这时袋温也随之逐渐上升，此时要通过翻堆来调节堆温，防止烧菌，通过翻堆来调节上下层菌袋菌丝长速，使之一致，同时做好杂菌检查工作。一般要求每20d左右翻堆一次，发菌过程要进行三次翻堆。

（七）出菇管理

一般茶树菇接种后50d左右可出菇，适当的温差刺激更利于菇蕾的形成。在菌丝基本长满袋后，将菌袋搬上出菇架，使菌袋竖直排列，解去捆扎的袋口，将菌袋口下卷一半，并喷水保湿，给予适当温差刺激，促使茶树菇子实体发生。

出菇后，菇房温度控制在20～23℃，相对湿度控制在90%，给予一定的散射光，光照强度控制在500～1000lx，并根据天气情况，每天定时通风1～3次（早、中、晚）每次通风1h左右，至料面上现原基（白点）后，减少在料面上喷水，10d左右可采收第一潮菇。出菇后空气相对湿度降为85%～95%，适当减少通风次数和时间，以防止通风过度导致开伞过早、菌柄短、肉薄。

（八）采收

当菌盖呈半球形，菌膜未破时要及时采收。采收时应抓住基部一次性将整丛大小菇一起拔下，以利于下潮菇发生。

（九）采菇后管理

采收后清理菌袋料面，合拢袋口，让菌丝恢复生长2～3d，然后再重喷水，连喷2～3d再出现原基，第二潮菇开始生长，以后重复上述管理，整个周期一般可收5～7潮菇。

四、实训作业

（1）茶树菇在菌丝培养期间有染菌现象，试分析可能的原因有哪些？如何处理染菌菌袋？

（2）采收第一潮菇后为什么不能立即喷水，而要让菌丝恢复生长一定时间？

实训指导十七　大球盖菇的栽培

大球盖菇（*Stropharia rugosoannulata*）又名皱环球盖菇、酒红球盖菇、赤松茸等，属于担子菌亚门、层菌纲、伞菌目、球盖菇科、球盖菇属。大球盖菇是联合国粮农组织（FAO）向发展中国家推荐栽培的食用菌之一。大球盖菇有很强的抗杂菌能力，其适应性广、栽培技术简单粗放、栽培原料来源丰富，可在各种秸秆培养料上生长（如稻草、麦草等），可当作处理秸秆的一种措施。大球盖菇产量高、生产成本低、营养丰富，是很有发展前景的菇种之一。

大球盖菇栽培方式多种多样，常见的栽培方式有室内地床栽培、箱式栽培和床架栽培，室外田间塑料大棚栽培、阳畦栽培等。目前我国多以室外生料栽培为主，有些将大球盖菇与果园或玉米地间作套种，无须特殊设备，制作简便且易管理，成本低、经济效益好。

一、实训目的

通过大球盖菇栽培实验，使学生掌握大球盖菇生产流程及栽培方法和技术。

二、实训材料与用具

1. 材料用品

新鲜无霉变的作物秸秆（稻草、玉米秸秆、大豆秸秆、麦草、杂草秸秆等）、来苏尔或新洁尔灭、生石灰等。

2. 仪器用具

水桶、塑料绳、剪刀、铁锹、栽培种、75%酒精、脱脂棉球、火柴等。

三、实训内容与方法

（一）配料

稻草（整草，无须切碎或粉碎）、玉米秸秆、大豆秸秆、麦草、杂草秸秆等。

（二）预处理

将稻草等浸没于1%～2%的石灰水中浸泡48h，捞出冲洗后沥干，使其含水量保持在55%～60%，将原料堆成宽1.5～2m、高1～1.5m、长度不限的草堆，堆结实，隔3d翻一次堆，再过2～3d即可建堆播种。

（三）测含水量

抽取有代表性草一小把，将其拧紧，若草中有水滴渗出，而水滴是断线的，表明含水量适度；若水滴连续不断线，表明含水量过高，可延长沥水时间；若拧紧后尚无水滴渗出，表明含水量偏低，需补足水分再建堆。

（四）建堆播种

将稻草或秸秆压实，草料厚度20～30cm，不要过厚或过薄，干草量20～30kg/m²，菌种用量700g。一般堆草3层，每层厚约8cm，菌种掰成鸽蛋大小，播在两层草之间。采用点播，穴距10～12cm。建堆后在堆面上加覆盖物，可选用旧麻袋、草帘、旧报纸等，并保持覆盖物经常湿润，防止草堆干燥。

（五）培养

大球盖菇菌丝生长阶段适宜温度22～28℃，空气相对湿度85%～90%，培养料含水量70%～75%。

一般播种20d内无须直接向菇床喷水，平时补水喷洒在覆盖物上即可。待菇床菌丝量增多占据培养料的1/2以上时，若菇床表面干燥应适当喷水。播种后1～2d堆温会稍上升，要求堆温20～30℃，最适宜25℃，每天定时观测堆温变化，温度过低加盖草被及薄膜，温度偏高掀掉覆盖物，如过高则翻开上层堆降温。经30d左右菌丝接近长满培养料，即可进行覆土。

（六）覆土

待大球盖菇菌丝接近长满培养料后进行覆土。覆土材料要求肥沃、疏松，持水性好，可用腐殖土、菜园土或森林土。将土壤均匀铺洒在菌床上，厚2～4cm，最厚不超5cm，覆土后保持土壤持水率约37%（土壤持水率测试方法：手捏土料变扁但不破碎，也不粘手），过干喷水保湿。

（七）出菇管理

菌丝长满且覆土后即逐渐转入生长阶段。一般覆土后15～20d出菇，注意此期间的保温及通风换气。

大球盖菇出菇阶段适宜空气相对湿度为90%～95%，干燥时注意菇床的保湿，通过覆盖物及土层的湿润状态保持即可。经常掀开覆盖物检查覆土层的干湿情况，若覆土干燥发白，适当喷水保湿，喷水不可过多，以免影响菌床出菇。还需抽查堆内含水情况，如有霉烂或挤压后水珠不断线则为含水量过高，及时采取补救措施，如停止喷水，掀覆盖物，加强通气；开沟排水；在菌床近地侧在打洞，促进空气流通等。

每天喷水掀去覆盖物同时使其接受自然光照，并注意通风，当子实体大量产生时要加大通风量和通风时间。出菇适宜温度为12～25℃，温度过低（低于4℃）或过高（高于30℃）不易出菇。出菇期可通过调节光照时间、喷水时间、通风程度等保持环境温度在适宜范围内。

（八）采收

子实体成熟后要根据成熟度、市场需求及时采收。当子实体菌褶尚未破裂或刚破裂、菌盖呈钟形时为最适采收期，最迟在菌盖内卷、菌褶灰白时采收。若采收过晚则菌褶转为暗紫色或黑褐色，此时商品价值降低。不同成熟度其品质、口感差异大，以没开伞为最佳。

采收时，用拇指、食指和中指抓住菇体下部，轻轻扭转一下松动后再向上拔起，同时注意避免松动周围菇蕾。采收一潮菇后，菌床留下的洞口及时补平，清除残菇，以免腐烂招引病虫害。采收的鲜菇去除残留泥土等污物，放入筐中，尽快销售或加工。

子实体从现蕾到成熟需5～10d，随温度不同略有差异。低温时生长缓慢，但菇体肥厚，不易开伞；高温时朵型小，易开伞。整个生长期可采收三潮菇，以第二潮菇产量最高，每潮菇间隔15～25d。

四、实训作业

（1）大球盖菇的栽培方法有哪几种形式？试分析各种栽培方法的优缺点。

（2）简要说明室外玉米地套栽大球盖菇的优点。

实训指导十八　元蘑的栽培

元蘑（*Panellus serotius*）学名亚侧耳，俗称元蘑、冬蘑、冻蘑、晚生北风菌，属于担子菌亚门、层菌纲、伞菌目、白蘑科、亚侧耳属，是东北著名的野生食用菌，以细嫩清香著名。元蘑以长白山区特产质量最好，是蘑菇中仅次于猴头的上品蘑。在外形上与侧耳属相近，在自然界常于秋末叠生在榆、椴、桦等腐木上。

元蘑为低温恒温结实性食用菌，且一般菌丝长满袋后要进行后熟培养才能出菇。代料栽培技术可效仿地摆栽培黑木耳生产技术，不同之处是浇水时不能"干干湿湿"，子实体从出芽到采收都需在潮湿环境下一次长成。

一、实训目的

通过元蘑木屑代料栽培的实验，使学生了解元蘑生产工艺流程，掌握元蘑的栽培方法和技术。

二、实训材料与用具

1.材料用品

硬杂木屑、麦麸、石膏、豆饼粉、蔗糖、栽培种等。

2.仪器用具

来苏尔或新洁尔灭、水桶、塑料绳、剪刀、铁锹、聚丙烯折角塑料袋（17cm×33cm）、75%酒精、脱脂棉球、火柴等。

三、实训内容与方法

（一）配料

硬杂木屑80%，麦麸15%，豆饼粉3%，蔗糖1%，石膏1%，培养料混合拌匀后的含水量为60%～65%。

（二）拌料

将新鲜、无霉变和虫蛀的原料木屑、麦麸、豆饼粉混合，再把称好的石膏、蔗糖用水溶解，搅拌均匀，然后倒入原料中，边拌料边加水，直到均匀为止。

（三）测含水量

测定方法与实训指导十食用菌袋栽法培养料水分测定法相同。

（四）装袋

采用聚丙烯折角塑料袋（17cm×33cm）。装料时边装边压实，装至料筒2/3处即可。把料面压平，插入菌棒封口。如用无棉盖体封口，则用菌棒从中央孔，孔距袋底2～3cm，增加透气性，装袋完毕将料袋表面清理干净。

（五）灭菌

装袋后当天及时灭菌，将装好培养料的塑料袋摆放在筐内，在常压锅或高压灭菌锅内灭菌。常压灭菌100℃维持10～12h，高压灭菌压力0.1～0.15MPa（1～1.5kgf/cm²），保持1.5～2.0h，待其自然降温后出锅接种。

（六）接种与培养

选择适龄、菌丝生长旺盛的栽培种，在超净工作台或接种室内遵循无菌操作规程进行接种，接种方法同原种制作。

接种完毕将菌袋放至培养室内的培养架上培养。摆放菌袋时可横摆或竖摆。培养期间室内温度控制在20～25℃，空气相对湿度控制在60%左右，避害光或弱光。培养期间注意通风换气，并及时挑出感染菌袋。随菌丝的生长，培养室要加大通风，一般木屑料菌袋需30～40d菌丝长满袋，菌丝长满料袋后，继续培养10～20d，使菌丝充分成熟后再进行出菇管理。

（七）出菇管理

菌丝体成熟后外界环境温度、湿度、光强度等条件适宜，菌丝体就开始扭结，出现子实体原基。元蘑为低温型食用菌，保持室内空气相对湿度为85%以上，温度保持10～20℃，散射光照200lx以上，将袋口打开，竖立排放在室内床架上，或将菌袋横放，堆放4～5层，形成2个出菇面。也可进行简易棚吊袋出菇。

1.原基形成期

通风降温，增加光照，温度控制在18～20℃，照度在200lx以上散射光，空气相对湿度80%，向空气中喷水保持湿度。

2. 幼菇期

温度控制 $10 \sim 25\,^{\circ}\mathrm{C}$，空气相对湿度 $85\% \sim 90\%$，适当喷水，延长光照，促使菇蕾形成。

3. 成菇期

子实体由小长大一般需 $10 \sim 20\mathrm{d}$，控制温度 $10 \sim 20\,^{\circ}\mathrm{C}$，空气相对湿度 $85\% \sim 95\%$，加强通风，增强光照，少量多次喷雾状水。

（八）采收

当菌盖边缘稍内卷，尚未弹射孢子时采收，此时菇体鲜嫩可口、质量优良。采前停水 $1 \sim 2\mathrm{d}$，使菇根收缩，采时注意不要留下残柄，以免腐烂。若菇体生长不齐，可采大留小。采收后 $3\mathrm{d}$ 内不能向菌袋浇水，使菌丝恢复，后按出菇方法正常管理，一般可采 $2 \sim 3$ 潮菇。采收后可鲜销，也可晒干保存。

四、实训作业

（1）元蘑的栽培方法有哪几种形式？试分析各种栽培方法的优缺点。

（2）简要说明袋栽元蘑工艺流程的要点。

实训指导十九　毛木耳的栽培

毛木耳（*Auricularia polytricha*）又名粗木耳、黄背木耳、白背木耳等，属担子菌门、层菌纲、木耳目、木耳科、木耳属。毛木耳质地脆滑、清新爽口，素有"树上海蜇皮"之称。毛木耳营养成分和药用价值与黑木耳相似，子实体含丰富的多糖，具有较高的抗肿瘤活性。毛木耳较黑木耳耳片大、厚、质地粗韧，栽培时较黑木耳抗杂能力强，更易于栽培。

一、实训目的

通过毛木耳的代料栽培实践训练，使学生掌握毛木耳的袋栽方法和管理技术。

二、实训材料与用具

1.材料用品

木屑或棉籽壳、麦麸、玉米芯、蔗糖、石膏、碳酸钙、毛木耳栽培种等。

2.仪器用具

聚丙烯塑料袋、颈圈或无棉盖体、棉塞、线绳、铁锹、水桶、磅秤、接种铲、75%酒精、酒精灯等。

三、实训内容与方法

代料栽培毛木耳的工艺流程如下：

配料→拌料→装袋→灭菌→接种→培养→出耳管理→采收

（一）培养料的配制

毛木耳属于木腐型食用菌，分解纤维素、半纤维素、木质素能力强，适应性广，生产中杂木屑、棉籽壳、玉米芯、农作物秸秆等都可作为碳源。毛木耳栽培的配方很多，常用的配方有：

1. 培养料配方1

木屑85%，麦麸12%，碳酸钙1%，石膏1%，石灰1%。

2. 培养料配方 2

木屑70%，棉籽壳17%，麦麸10%，碳酸钙1%，石膏1%，石灰1%。

3. 培养料配方 3

棉籽壳39.9%，玉米芯30%，杂木屑18%，麦麸8%，石膏粉1%，石灰3%，磷酸二氢钾0.1%。

（二）拌料

拌料方法与平菇栽培料的制作方法一致，培养料含水量60%。

（三）装袋

装袋方法与黑木耳装袋方法一致，要求松紧适度。

（四）灭菌

灭菌方法与黑木耳类似。装袋后及时灭菌，将装好料的菌袋摆放在筐里，装入灭菌锅内，进行常压或高压灭菌。常压灭菌100°C维持10～12h，高压灭菌采用压强为0.1～0.15MPa（1～1.5kgf/cm²），保持1.5～2.0h，待其自然降温后出锅接种。

（五）接种与培养

接种前对接种环境进行清理消毒，在接种室或超净工作台内按无菌操作进行接种，接种方法同原种制作。

接种后将菌袋送至培养室内，按井字形排放在培养架上培养，料袋间应留有一定距离。培养室温度控制在23～28°C，空气相对湿度在70%以下，避光或微弱光。培养期间注意通风换气，定期检查菌袋有无感染情况，如有感染及时挑出。一般木屑料菌袋需35～40d菌丝即可长满袋。菌丝长满料袋后开始由营养生长转入生殖生长，即可进行出耳管理。

（六）出耳管理

毛木耳生产中出耳方式有全剥皮出耳、卧式一端开口出耳、卧式两端开口出耳、卧式划口出耳、吊袋一字口出耳、吊袋V字口出耳、站立一字口出耳和站立V字口出耳等。毛木耳出耳管理方法与黑木耳相类似。以吊袋出耳和卧式两端开口出耳为例：

1. 吊袋出耳法

将培养好的菌袋用塑料绳串起，吊在菇棚顶部，袋间距15～20cm，每个菌袋上用刀片划3～4个大V字口，口深以划破菌皮为宜，利于原基形成。

2. 两端开口出耳法

将培养好的菌袋两端开口，露出培养料面，在菇棚内垛成一排，高不超8层，垛间距1～1.5m，使菌袋两端形成原基并出耳。

毛木耳出耳期间保持空气相对湿度80%～95%，每天向地面和空间喷水1～2次，菌袋划口10～15d耳基出现，随耳片增大，增加喷水次数和通风量，与黑木耳一样干湿交替管理。晴天多喷，雨天少喷。保持出耳棚内散射光，光线适宜耳片背面绒毛多而长且颜色较黑，光线不足则耳片偏红，绒毛少且短。10～25d后可采收。

（七）采收

耳片成熟后及时采收，当耳片呈紫褐色、边缘稍内卷、腹面有薄层白粉、耳长直径10～15cm时即可采收，不可过时，过时采收则易出现烂耳。采收后清理料面，按出耳期进行下一潮出耳管理，可继续出耳。

四、实训作业

（1）毛木耳与黑木耳的栽培有哪些异同点？

（2）毛木耳与黑木耳栽培相比较的优势有哪些？

实训指导二十　灰树花的栽培

灰树花（*Grifola frondosa*）属担子菌门、层菌纲、非褶菌目、多孔菌科、灰树花属，又称贝叶多孔菌、栗子蘑、莲花菌、舞菇、舞茸等，是一种食药用的珍贵食用菌。野生灰树花常发生于秋季，阔叶树以板栗树林中多见，故得名。灰树花子实体较大，形似珊瑚，千姿百态，其肉质脆嫩、营养丰富、风味独特。

灰树花属中温型食用菌，根据季节可一年安排春、秋季进行。灰树花喜氧、喜光，在不良环境中形成菌核，其品种类型根据色泽分两种：灰色品种与白色品种。

一、实训目的

通过灰树花的栽培实验，使学生掌握灰树花的栽培方法和技术。

二、实训材料与用具

1.材料用品

新鲜无霉变的木屑、棉籽壳、玉米粉、生石灰、过磷酸钙、原种等。

2.仪器用具

聚丙烯薄膜塑料袋、水桶、塑料绳、剪刀、铁锹、75%酒精、脱脂棉球等。

三、实训内容与方法

（一）配料

1.配料1

木屑67%，麦麸10.5%，玉米粉10%，糖1%，石膏1%，过磷酸钙0.5%，细土10%。

2.配料2

木屑42%，棉籽壳40%，麦麸16%，糖1%，石膏1%。

（二）拌料

拌料时，先将称好的主料拌匀，将称好的溶于水的辅料在水中溶解后倒入主料中，边加水加搅拌均匀，含水率达到60%～65%。含水率测定方法与栽培种培养料水分测定相同。

（三）装袋灭菌

灰树花如脱袋覆土可选择较小料袋，如不脱袋覆土栽培选择较大的聚丙烯料袋，小袋规格18cm×34cm，较大规格22cm×40cm。装满袋后料面按平压实，菌棒或无棉盖体封口。装袋后进行灭菌，灭菌时间、压力与黑木耳栽培中灭菌方法相同。灭菌后自然降温等待接种。

（四）接种

超净工作台或接菌箱内遵照无菌操作原则常规接种。

（五）培养

接种后的菌袋移入预先清洁消毒过的培养室中，避光培养。培养室温度保持在22～25℃，空气相对湿度控制在70%以下，定期通风换气，定期检查发菌情况，发现杂菌污染及时处理。30～40d菌丝长满菌袋，并在表面形成菌皮，菌皮逐渐变灰白至深灰时可进行出菇管理。

（六）出菇管理

当菌袋表面菌皮变灰白至深灰色时，即是原基出现进入出菇管理。

1. 非覆土出菇

将菌袋移入出菇室，在床架上直立排放并打开袋口，如是长棒式栽培则在现原基处割口出菇。此时出菇室温度控制在20～22℃，空气相对湿度调整为85%～90%，增加光照200～500lx，5～7d后袋口或割口处长出白色突起物，增加光照强度，促使原基转灰黑。灰树花属强好氧菇类，随着子实体的长大需逐渐加强通风，增加光照强度。20～25d后当子实体八分熟后即可采摘。

2. 覆土出菇

选山地土或深层土，打碎晒干备用。将长满菌丝的菌袋胶去塑料袋，平放菇床上，菌袋间距2cm，摆好后覆土，覆土厚度1～2cm。覆土后可盖塑料膜保湿，10～15d形成原基，原基量大时揭膜，喷雾状水，保持空气相对湿度在85%左右，加强通风，增强散射光，条件适宜10～15d子实体成熟后即可采收。

（七）采收

灰树花从现原基到采收，随温度不同时间有所不同，16～24℃时一般需18～25d可采收，具体应根据子实体生长状况决定，八分熟即可采收，成熟一朵采收一朵。采收标准如下：

（1）生长过程中光线足则菌盖颜色深，菌盖外沿有一轮白色边即生长点，当生长点变暗、界线不明显、边缘稍内卷时即可采收。如白色品种则不适用。

（2）灰树花幼嫩时菌盖背面白色光滑，当背面形成子实层出现菌孔时即为成熟，以刚成菌孔（菌孔深不超过1mm，尚未弹射孢子）为最佳采收期。及时采收灰树花香味浓郁、肉质脆嫩有韧性，商品价值高。过迟则散发孢子，子实体木质化，口感差、易破碎，商品价值低。过早采收则影响产量。

采收前1~2d停水或少喷，采时细心除去残物，子实体可鲜销或干制等。采后清理料面，养菌数天，适当补水进行下一潮次管理。

四、实训作业

（1）灰树花的栽培方法有哪几种？

（2）简述灰树花覆土栽培工艺流程的要点。

实训指导二十一　羊肚菌的栽培

羊肚菌（*Morchella esculenta*）属子囊菌亚门、盘菌纲、盘菌目、羊肚菌科、羊肚菌属，以其菌盖表面生有许多小凹坑、状似羊肚而得名，别名羊肚菜、羊肚蘑等，其颜色因品种不同而不同，是世界公认的著名珍稀食药用菌，其香味独特，风味奇鲜，在欧洲被奉为高级补品。

关于羊肚菌的研究已有100多年的历史，人工栽培是世界上真菌学家研究试验的重要课题之一，我国的羊肚菌人工栽培经历了栽培不出菇、出菇不稳定、出菇无产量等阶段。近年我国羊肚菌播种面积及产量快速增长，但人工栽培仍然没有形成真正意义上的商业化栽培技术体系。四川省林业科学院于2003年研发的外营养袋技术，解决了人工栽培条件下营养的有效供给问题，有效推动了羊肚菌商业化栽培的发展，也是现今国内羊肚菌栽培最关键的技术手段。与其他食用菌栽培相比较，羊肚菌栽培过程中最大的特点是外营养袋的添加使用。

一、实训目的
通过羊肚菌的栽培实验，使学生了解羊肚菌特性及其栽培技术。

二、实训材料与用具
1.材料用品
新鲜无霉变的杂木屑、稻草粉（或玉米秸秆、大豆秸秆）、麦麸、麦粒、谷壳、石膏、过磷酸钙、腐殖土、菌种等。
2.仪器用具
铁锹、75％消毒酒精、脱脂棉球、火柴、培养室、培养筐或盆等。

三、实训内容与方法
羊肚菌栽培工艺流程如下：

配料→拌料→装袋→灭菌→接种→培养→播种覆土→摆放外营养袋→出菇管理→采收

（一）配料拌料

1.配料拌料1

稻草粉70%，麦麸25%，石膏1%，过磷酸钙1%，腐殖土3%。

2.配料拌料2

玉米秸秆或大豆秸秆75%，麦麸10%，米糠10%，蔗糖1%，石膏1%，过磷酸钙1%，腐殖土2%。

培养料混合拌匀后的含水量为60%。

（二）装袋灭菌

栽培种选用（14cm×28cm）~（14cm×30cm）的聚丙烯菌种袋，透气菌种套环封口，每袋装料湿重约500g。灭菌方法参考黑木耳灭菌方法，自然降温后进入接种环节。

（三）接种培养

接种方法与常规其他菇类相类似，接种后移入培养室培养。培养期间要求前期（10~15d）温度为20~22℃，培养后期温度调整为18~20℃，温度过低（低于3℃）或过高（高于25℃）都不利于菌丝生长，室内空气相对湿度为70%左右，定期通风，定期定点检查菌丝生长情况，及时挑出污染菌种。培养20~25d备用。

（四）播种覆土

羊肚菌属于低温型食用菌，当环境最高温度稳定在20℃以下时，可播种。播种前使土壤含水量25%~28%（判断方法：可手捏成团不出水或手上无明显水印，且泥土不粘手，土团丢地即散开）。

播种方法：先在培养筐铺一层腐殖土，将生产工具、盛放菌种容器、菌包和操作人员双手进行消毒，再将栽培种取出放入容器中，用手捏碎菌种后均匀撒在培养筐内土层表面，然后覆土3~5cm。在培养筐上覆盖一层黑色地膜，以便于保温保湿和避光。播种7~10d后摆放外营养袋。

（五）外营养袋制作与摆放

1.配方

杂木屑30%，麦粒35%，谷壳30%，石膏1.5%，生石灰1.5%，腐殖土2%。

2.装袋灭菌

选用小袋（12cm×24cm聚丙烯塑料袋）装料，用线绳扎口，常压或高压灭菌（灭菌方法同栽培种）。

3. 摆放

在栽培种播种7～10d后，掀开覆盖的黑色地膜，摆放外营养袋，摆放前将营养袋一侧用排钉扎6～10个孔，摆放时将扎孔面朝下，并与表层土壤充分接触。外营养袋摆放时间约为45d。

（六）菌丝生长与出菇管理

羊肚菌菌丝生长阶段要求土壤含水量20%～28%，无须光照，覆膜后无须考虑湿度。播种约60d后菌丝从营养生长转入生殖生长阶段，掀开地膜，拿开外营养袋，浇出菇水。浇水时要浇透但不能浇大水漫灌，3～7d后可现原基，原基出现后用滴灌法保持土壤含水量，空气相对湿度85%～90%，注意通风换气。温度低时（8～12℃）子实体20～25d成熟，15℃以上时10～15d成熟。

（七）采收

羊肚菌的菌盖凹坑完全张开表明成熟，即可采收。采收后的羊肚菌及时晒干或烘干，装入塑料袋密封后于干燥阴凉处储存。

四、实训作业

（1）羊肚菌的栽培方法的独有特点是什么？

（2）简述羊肚菌人工栽培的工艺流程要点。

参考文献

［1］常明昌.食用菌栽培学［M］.北京：中国农业出版社，2012.

［2］王贺祥.食用菌栽培学［M］.北京：中国农业大学出版社，2014.

［3］黄毅.食用菌栽培［M］.3版.北京：高等教育出版社，2008.

［4］王相刚.蕈菌学［M］.北京：中国林业出版社，2010.

［5］马瑞霞，王景顺.食用菌栽培学［M］.北京：中国轻工业出版社，2017.

［6］宋锡全，刘保东，邱奉同.新编食用菌栽培学［M］.赤峰：内蒙古科学技术出版社，
    2001.

［7］杜敏华.食用菌栽培学［M］.北京：化学工业出版社，2007.

［8］张智，符群.食用菌栽培与加工技术［M］.北京：中国林业出版社，2011.

［9］王贺祥，刘庆洪.食用菌采收与加工技术［M］.北京：中国农业出版社，2012.

［10］黄毅.食用菌工厂化栽培实践［M］.福州：福建科学技术出版社，2014.

［11］孟庆国，侯俊，刘国宇.食用菌工厂化栽培图解［M］.北京：化学工业出版社，
    2018.

［12］叶家栋，李亚光，陶鸿.珍稀食用菌栽培［M］.合肥：安徽科学技术出版社，2001.

［13］胡昭庚，曾长华，肖建京，等.名贵食用菌栽培［M］.上海：上海科学普及出版社，
    2000.

［14］韩德权，王莘.微生物发酵工艺学原理［M］.北京：化学工业出版社，2012.

［15］姜国胜，张娣，杜萍，等.食用菌液体发酵罐制种技术［J］.食用菌，2016（6）：
    49-51.

［16］牛长满，杨晓菊，崔颂英，等.大球盖菇不同栽培模式栽培技术［J］.食用菌，
    2011，33（1）：42-43.

［17］李宏伟，宋文正.元蘑简易棚栽培方法技术要点［J］.中国林副特产，2006（04）：
    55-57.

［18］谭伟，苗人云，周洁，等.毛木耳栽培技术研究进展［J］.食用菌学报，2018，25

（1）：1–12.

［19］王国书，冉隆俊，田霜，等.室外大棚羊肚菌优质高效栽培技术总结［J］.中国食用
菌，2019，38（3）：103–106.

［20］谭方河.阐释我国羊肚菌外营养袋栽培技术的发展历程［J］.食药用菌，2019，27
（4）：257–263.

［21］朱鑫彦，崔小冬，李宗岭，等.食用菌工厂化生产成套设备［J］.农业装备技术，
2011，37（5）：37–38.